DAMPFTURBINEN

BERECHNUNG
UND KONSTRUKTION

VON

DR.-ING. LEONHARD ROTH

PROFESSOR AN DER HÖHEREN TECHNISCHEN
STAATSLEHRANSTALT NÜRNBERG

VERLAG R. OLDENBOURG, MÜNCHEN U. BERLIN 1929

Druck von R. Oldenbourg, München.

Vorwort.

Das vorliegende Buch über Dampfturbinen soll ein Leitfaden für die studierende Jugend und auch ein Berater für den mit der Berechnung und Konstruktion oder auch mit der Überwachung von Dampfturbinen betrauten Ingenieur sein. Bei der Behandlung des Stoffes konnte ich mich auf meine vieljährigen Erfahrungen auf dem Gebiet des Dampfturbinenbaues und der Betriebsüberwachung sowie auch auf meine vieljährigen Lehrerfahrungen stützen. Ich habe eine leicht faßliche Darstellungsweise gewählt, wie sie sich auch in meinem Unterricht bewährte, so daß es dem Leser des Buches möglich ist, sich tatsächlich auf dem Gebiete der Berechnung, Konstruktion und des Betriebes in der Praxis zurecht zu finden. Die Grundlagen sollen bereits an der Schule so weit vermittelt werden, daß später bei dem Einzelnen keinesfalls mehr eine Unklarheit über grundsätzliche Dinge, wie z. B. über die Bedeutung der relativen und wirklichen Geschwindigkeiten, bestehen bleibt; auch soll bei der Formgebung der einzelnen Konstruktionsteile auf die Gesetze der Festigkeits- und Wärmelehre zugleich Rücksicht genommen werden. Dabei ist es vom pädagogischen Standpunkt aus sehr zu begrüßen, daß der Stoff mehrere Anwendungsbeispiele für die Mechanik fester und gasförmiger Körper bietet, welche über den engeren Rahmen der Turbine hinaus von allgemeinster Bedeutung sind, womit wiederum ein wirklich freies Arbeiten anerzogen werden kann. Solche Beispiele sind die Bestimmung des Widerstandsmomentes unsymmetrischer Querschnitte, wie sie im Turbinenbau durch die Schaufelprofile gegeben sind, oder die Ermittlung der kritischen Drehzahl von Wellen[1]).

Die Gliederung des Stoffes ist diese: Zuerst wird in einfacher, beschreibender Weise an Hand leicht verständlicher Konstruktionen ein Einblick in die Wirkungsweise der Turbine gegeben; dann folgen die rechnerischen Einzelgrundlagen in ihrem einfachen, grundsätzlichen Aufbau. Im Anschluß hieran wird gezeigt, wie sich gleichsam von selbst

---

[1]) Schließlich kann an der Dampfturbine in besonders grundlegender Weise das praktische Maschinen-Berechnen geübt werden, weil hierbei eine Fülle von grundsätzlichen, technischen Überlegungen harmonisch zusammenspielen müssen. Hierin ist die studierende Jugend genau so zu üben, wie im exakten, mathematischen Rechnen.

durch bloßes Aneinanderreihen dieser Einzelgrundlagen das vollständige Berechnungsschema einer einzelnen Stufe, wie auch einer Gruppe von mehreren Stufen bei Gleichdruck- und auch bei Überdruckwirkung ergibt.

Die neueren Bestrebungen im Dampfturbinenbau und auch die neueren Bauarten werden eingehend behandelt; die Beispiele lassen klar erkennen, daß das dargestellte Verfahren zur Berechnung ganzer Maschinen sowohl für bisherige wie für neuzeitliche Bauarten in gleicher Weise sich bewährt und somit grundsätzliche Gültigkeit besitzt.

Die rechnerische, konstruktive Durchbildung der wesentlichsten Einzelteile wird in weitestgehendem Maße gezeigt.

Für die Abnahme und den Betrieb der Turbine finden wir die nötigen Angaben zur Vorbereitung der Meßvorrichtungen, zur Durchführung und Auswertung der Versuche sowie zur Überwachung der im Betrieb befindlichen Maschine[1]).

Nürnberg, den 14. Juli 1928.

Dr. L. Roth.

---

[1]) Im übrigen sind gerade für den überwachenden Ingenieur die im rechnerischen Teil behandelten Überschlags-Berechnungsverfahren von besonderer Bedeutung, weil sie ihn erst zu einer wirklich wirksamen Betriebskontrolle befähigen; nicht zuletzt verschaffen sie ihm bei Projektierungen die nötige Urteilskraft und Unabhängigkeit.

Inhaltsverzeichnis.

1. Volkswirtschaftliche Bedeutung der Turbine.

Das vorige Jahrhundert wird bekanntlich als das Zeitalter der Kolbendampfmaschine bezeichnet; analog könnte man die Jetztzeit das Zeitalter der Dampfturbine nennen. Unser kulturelles und wirtschaftliches Leben hat sein charakteristisches Gepräge durch die Technik überhaupt erhalten; dabei aber lassen sich unter dem Einfluß von Kolbendampfmaschine einerseits und unter dem der Dampfturbine anderseits zwei voneinander verschiedene Entwicklungsstufen unterscheiden. Von der ersten Blütezeit der Technik während der Antike bis zur Erfindung der Kolbendampfmaschine Ende des 18. Jahrhunderts haben wir es im großen und ganzen mit einem Stillstand technischer Entwicklung zu tun. Demzufolge sehen wir noch bei Einführung der Dampfmaschine in Deutschland im Jahre 1770 einen dünnbevölkerten Agrarstaat vor uns, der nur etwa $\frac{1}{3}$ der heutigen Bevölkerungsdichte aufweist; diesem Staat geht der Begriff Wirtschaftlichkeit noch vollkommen ab; „ihm liegt das Wohl des arbeitenden Menschen nicht gerade am Herzen, und in ihm führt die große Masse ein an Armseligkeit grenzendes, einfaches Leben"; wir haben es hier mit einem Zeitalter zu tun, in dem man wohl den Begriff Geld kennt, aber nicht die Begriffe Zeit, Mensch und Maschine richtig einzuschätzen versteht. Mit dem Bau der Kolbendampfmaschinen aber entwickelt sich nicht nur eine Nachfrage nach Kraft- und Bearbeitungsmaschinen, d. h. es entsteht nicht nur eine Primärindustrie für Kraftmaschinen und eine Sekundärindustrie für Arbeitsmaschinen, sondern es erwacht ein Wagemut des bisher brachliegenden Kapitals, und zwar vor allem durch den Bau von Eisenbahnen; der immer lebhafter einsetzende Kreislauf von Geld-Ware-Geld usw. wirkt belebend auf die gesamte Kultur. Unsere heutigen berühmten Industrieunternehmungen entstehen fast alle während dieser Zeit. Auch die Hüttenindustrie, welche 1779 in Oberschlesien mit dem ersten deutschen Hochofen einsetzte, hatte inzwischen schwerste Hindernisse überwunden, nicht zuletzt durch die Pionierarbeit und Meistererfindungen deutscher Männer. So entstand unter dem Einfluß der Kolbendampfmaschine eine bedeutende Hütten- und Werkstättentechnik auf wirtschaftlicher Basis; damit waren der Dampfturbine für ihren Entwicklungsgang die Wege bereits geebnet. Unter ihrem Einfluß konnte die Elektrotechnik erst zur vollen Entfaltung kommen. Zugleich mußten nun die während der stürmischen Entwicklung der Kolbenmaschine erworbenen Errungenschaften weiter ausgebaut werden;

diesen weiteren Ausbau erkennen wir auf dem Gebiete der Elektrotechnik, sowie in der Rationalisierung der Betriebstechnik und der Technik überhaupt, und zwar unter besonderer Berücksichtigung der Lebenserscheinungen des arbeitenden Menschen.

Von der ersten Dampfturbine, welche de Branca 1629 aus Holz fertigte, wollen wir zunächst absehen; sie konnte noch keine praktische Bedeutung erlangen, weil es zu ihrer Zeit noch keine Hütten- und Werkstättentechnik im heutigen Sinn gab. Die Anfänge der Entwicklung unserer heutigen Turbinen fallen in die Jahre 1883/84, wo der Schwede de Laval und der Engländer Parsons die ersten Dampfturbinen gebaut haben. In Deutschland hat man mit dem Bau erst um das Jahr 1903 herum angefangen.

Die gesamte Leistung der im Jahre 1904 gebauten Turbodynamo-Aggregate waren nach 9 Jahren bereits auf das 7fache angestiegen. Die günstigen Eigenschaften der Turbine, wie geringer Raumbedarf, niedrige Anschaffungskosten, große Leistungseinheiten bei hohen Turen, großer Wirkungsgrad und rein kreisende Bewegung, begünstigten schon von Anfang an, wo der Wirkungsgrad noch weniger befriedigte, ihren stürmischen Entwicklungsgang; diese Vorzüge sind es auch, die ihr noch heute die vorherrschende Stellung unter den Großkraftmaschinen voll und ganz sichern, und die mittelbar und unmittelbar unsere Volkswirtschaft zur Blüte brachten und unsere Lebensformen umwandelten. Unter den Anwendungsgebieten ist wohl an erster Stelle die Elektrotechnik zu nennen. Die Drehzahlen der elektrischen Maschinen verlangten geradezu eine Kraftmaschine von der Art der Dampfturbine. So konnte der Ausbau der Grundlagen vor sich gehen, wie sie bereits 1867 durch Werner Siemens' Meistererfindung der Dynamomaschine und durch die Entwicklung der Wechselstromtechnik in den 90er Jahren geschaffen wurden. Es entwickelten sich in allen Teilen des Reiches elektrische Zentralen mit großen Leistungseinheiten; sie erzeugen große Strommengen, um sie auf große Entfernungen hin fortzuleiten und zu verteilen; freilich dürfte in Deutschland der Stromverbrauch an kWh/Kopf im Vergleich zu anderen Ländern, wie z. B. der Schweiz, etwa auf das Doppelte anwachsen, es sollte z. B. nicht nötig sein, daß die Wägen des Abends in den Straßen noch ihr eigenes Licht mit sich führen müssen. Immerhin beträgt heute in Deutschland das Arbeitsvermögen der öffentlichen Elektrizitätswerke und der industriellen Kraftwerke etwa 10 Millionen kW.

Die elektrischen Zentralen bilden trotz der deutschen Energievorräte an Wasserkraft das Hauptanwendungsgebiet für die Dampfturbine; denn sämtliche verfügbaren Wasserkräfte, welche aber praktisch nie restlos ausgebaut werden, belaufen sich nach Krieger auf jährlich 30 Milliarden kWh, wovon allein 20 Milliarden für die Erzeugung des der Landwirtschaft noch fehlenden Stickstoffes auf dem Umweg über

Kalksalpeter benötigt wären. Die Energie der bis heute ausgebauten Wasserkräfte dürfte etwa 5 Milliarden kWh betragen; setzt man 0,8 kg Kohle = 1 kWh, so würden diese ausgebauten Wasserkräfte einer Kohlenmenge von 6,25 Millionen Tonnen/Jahr gleichwertig sein; die in Deutschland jährlich für die verschiedenen Zwecke verbrauchte Kohlenmenge dürfte etwa 100 Millionen Tonnen betragen. Davon entfällt auf die Elektrizitätswerke und auf die Krafterzeugung in der Industrie ein Kohlenbedarf von etwa 15 Millionen Tonnen/Jahr. Nun sind elektrische Dampfzentralen unabhängig von der geographischen Lage, und der Preis der Kilowattstunde ist gegenüber der Wasserkraft kaum höher, weil bei letzterer die Anlagekosten sehr hohe sind; schließlich wird man selbst bei Wasserkraftanlagen nicht auf die Dampfanlage für Reservezwecke verzichten können, schon der großen Schwankungen der Wasserkraft wegen. Bei einem Vergleich der Dampfturbinen mit den übrigen Wärmekraftmaschinen sind außer den oben genannten betriebstechnischen und wirtschaftlichen Vorteilen folgende Verhältnisse des Wirkungsgrades zu beachten:

$$\eta = \frac{\text{Wellenenergie der Kraftmaschine}}{\text{Brennstoffenergie}} .$$

	Kolbendampf-maschine	Dampfturbine	Groß-gasmaschine	Dieselmotor
η in % . .	12 ÷ 17	20 ÷ 25	24	35

Die Gasturbinen oder Ölturbinen mit etwa $\eta = 0,25$ sind heute zwar schon betriebsfähig, aber noch nicht marktfähig. Es kann sein, daß die Dampfturbine einmal ihre führende Rolle an die Gas- und Ölturbine abtreten muß; gegenwärtig aber steigt die Dampfturbine noch in ihrer Bedeutung durch die neueren Bestrebungen wie Höchstdruck-Heißdampfbetrieb und Zwischendampfüberhitzung. Setzt sich aber dereinst die Ölturbine durch, dann wird der Einfluß des Erdöls sowie überhaupt aller Kohlenwasserstoffe auf die Weltpolitik ein noch größerer sein. Unter solchen Umständen und in Anbetracht der spärlichen deutschen Erdölvorkommen gewinnt die nunmehr gelungene Verflüssigung der Kohle für uns besondere Bedeutung.

Noch eines Hauptanwendungsgebietes sei gedacht, des Schiffsantriebes! Schon vor 1912 war die Schiffsturbine stark verbreitet, obwohl man bis dorthin noch keine Übersetzungsgetriebe für große Kräfte kannte und somit die direkt wirkende Turbine ebenso langsam laufen mußte wie der Propeller. Der oben genannten betriebstechnischen Vorteile wegen hat man die wegen ihrer geringen Drehzahl unwirtschaftlichere Direkte-Turbine doch den anderen Maschinen vorgezogen. Während z. B. im Jahre 1904 in Deutschland überhaupt noch keine Schiffsturbine gebaut wurde, betrug Ende 1906 die Gesamtleistung der in Deutschland gebauten Schiffsturbinen 97000 PS und Ende 1913 bereits 3880000 PS mit direktem Antrieb. Heute nun haben wir für große Leistungen zuverlässige Übersetzungsgetriebe, die es ermöglichen, die schnell laufende Turbine mit dem langsam laufenden Propeller zu kuppeln. Somit ist entsprechend dem deutschen wirtschaftlichen Wiederaufschwung eine verstärkte Anwendung der Schiffsturbine zu erwarten.

Daneben spielt auch die Kleinkraftturbine für die verschiedensten Zwecke eine gewisse Rolle, trotzdem hier der spezifische Dampfverbrauch größer ist als bei der Kolbenmaschine. Besonders gut bewährt sich die Turbine als Gegendruckmaschine in Verbindung mit Dampf-, Heiz-, Koch- und Waschanlagen, oder auch als Abdampfturbine zur Ausnutzung niedriggespannten Dampfes; die schnellaufende Kleinturbine ($\geq$ 7000 U/min) mit Übersetzungsgetriebe macht übrigens neuerdings auch der Kolbenmaschine den Erfolg streitig.

2. Geschichtliches über die Turbine und grundsätzliche Wirkungsweise.

Die Antike kannte bereits die sog. Äolipile, ein mit Verzierungen ausgestattetes Blechgefäß, einen menschlichen Kopf darstellend, in dem Wasser durch Erwärmen in Dampf verwandelt wurde. Im Munde des Kopfes steckt ein düsenartiges Röhrchen. Über eine Spielerei kam diese Vorrichtung in ihrer Bedeutung nicht hinaus. Im Jahre 1629 verwendete nun Giovanni de Branca den so erzeugten Dampf zum Antrieb eines aus Holz gebauten Dampfturbinenrades; die Turbine fand nur eine untergeordnete Verwendung. Es kann jedoch an ihr die Wirkungsweise anschaulich erklärt werden, die grundsätzlich auch für die heutigen Turbinen gilt. Bei der Dampfbildung entsteht im Innern der Figur ein Überdruck. Der Druckunterschied wird in der Düse in Geschwindigkeitsenergie verwandelt, so daß der Dampf das Düsenende mit einer großen Geschwindigkeit c_1 m/sec verläßt. Der gegen die Schaufeln des Rades strömende Dampf treibt das Rad und damit die Welle an, d. h. im Laufrad wird die Geschwindigkeitsenergie in mechanische Energie umgesetzt. Diese zweimalige Energieumsetzung, nämlich von Druckgefälle in Geschwindigkeitsenergie im Leitapparat einmal, und von Geschwindigkeitsenergie in mechanische Energie im Laufrad das zweite Mal ist das grundsätzliche Kennzeichen aller Turbinen überhaupt. Streng genommen wird bei allen expansionsfähigen Stoffen wie Dampf und Gas im Leitapparat nicht allein das Druckgefälle, sondern die Summe aus Druckenergie + Expansionsenergie in Geschwindigkeitsenergie verwandelt, während bei nicht expansionsfähigen Stoffen, wie Wasser, nur die Druckenergie allein in Geschwindigkeitsenergie verwandelt werden kann. Im obigen Beispiel ist noch zu beachten, daß der Dampf seinen Weg durch die Maschine in radialer Richtung nimmt, weshalb man von radialer Beaufschlagung spricht, im Gegensatz zur achsialen. Da ferner nur ein Teil des beschaufelten Radumfanges vom Dampf angeblasen wird, liegt hier eine sog. teilweise Beaufschlagung vor im Gegensatz zur vollen Beaufschlagung.

3. Beschreibung der Gleichdruckturbinen.

a) Gleichdruckturbinen mit einem und mehreren einkränzigen Rädern.

In diesem Abschnitt wird vorerst im allgemeinen auf konstruktive Einzelheiten nur so weit eingegangen, als dies zum Verständnis der Wirkungsweise und der thermodynamischen Berechnung der Hauptmaße nötig ist. Die vollständige Angabe der wichtigsten konstruktiven Daten erfolgt später.

Die beiderseits gelagerte Welle trägt eine Reihe von Laufrädern (Abb. 1), von denen jedes am Umfang mit Laufschaufeln besetzt ist. Zwischen je zwei Schaufeln sitzt in der Scheibenkranznut ein sog. Klötzchen oder Füllstück oder auch Zwischenstück genannt, wodurch der gegenseitige Schaufelabstand oder die Schaufelteilung festgelegt ist. Bläst nun der Dampfstrahl schräg gegen die gekrümmten Schaufeln (Abb. 2 u. 3), so wird er infolge der Schaufelkrümmung umgelenkt, und der hierbei auftretende Umlenkungsdruck setzt die Welle in

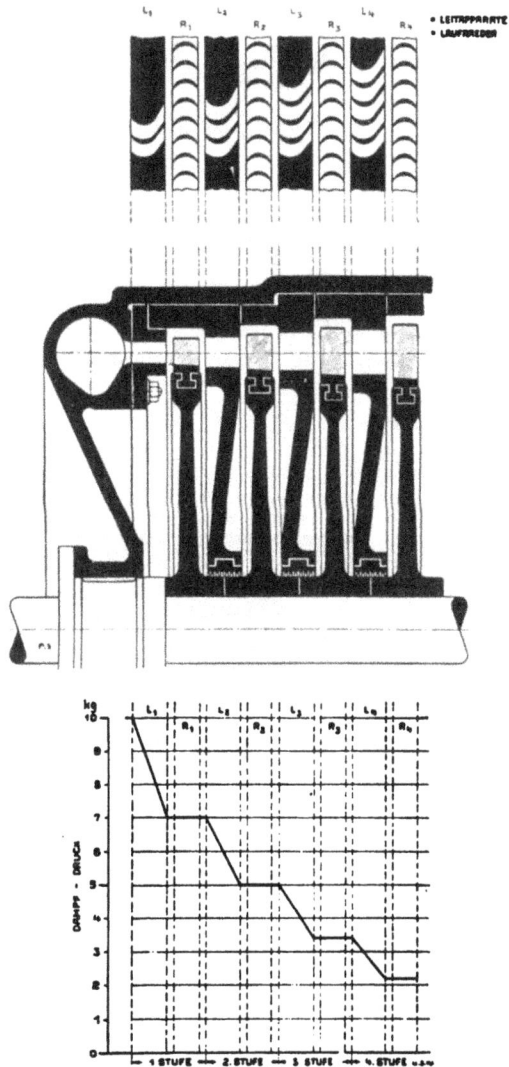

Abb. 1. Mehrstufige Gleichdruckturbine. Druckverlauf.

Bewegung. Dem Schaufelkranz des Rades wird der Dampf zugeleitet durch die unmittelbar vor dem Schaufelkranz sitzenden feststehenden Düsen; ein solcher Düsenkranz kann z. B. dadurch hergestellt werden,

daß man die Düsenbleche (Stahlbleche) in eine gußeiserne oder Stahl-
gußscheibe eingießt. Diese Scheiben heißen Zwischenböden, weil sie
jeweils zwischen zwei Rädern sitzen. Neuerdings spielen die weiter

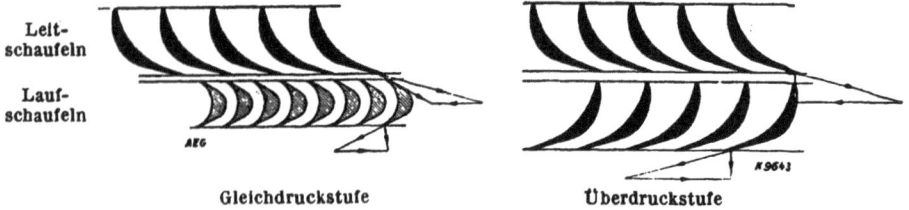

Leit-
schaufeln

Lauf-
schaufeln

Gleichdruckstufe   Überdruckstufe

Abb. 2. Einheitliche Profile für Gleichdruckleitschaufeln und Überdruckschaufeln:
kleiner Austrittswinkel, Querschnitt gegen den Austritt hin rasch aber stetig verjüngt, daher hohe Geschwindigkeit nur auf kurzem Weg (A.E.G.).

unten behandelten gefrästen Düsen wegen der geringeren Reibung eine
größere Rolle. Der Einbau eines horizontal geteilten Zwischenbodens

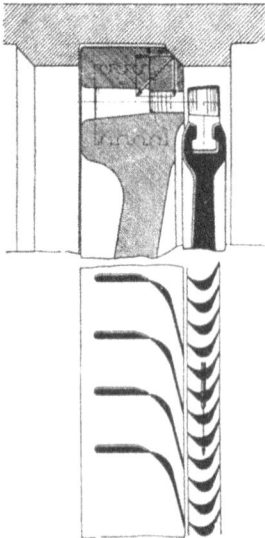

Abb. 3. Schnitt durch eine
Zwischenwand bei kleineren
Turbinen. (B.B.C.)

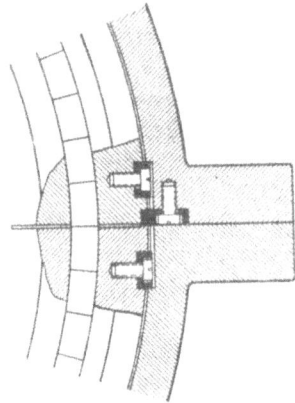

Abb. 4. Befestigung der Leitapparate im Gehäuse. (M.A.N.)

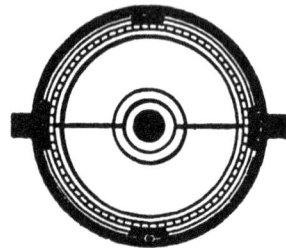

in das Gehäuse ist in Abb. 4 dargestellt; Abb. 5 zeigt einen geteilten
Zwischenboden in Ansicht; beim Abheben der oberen Gehäusehälfte
gehen die oberen Zwischenbodenhälften mit, so daß der Rotor bequem

besichtigt werden kann. Das radiale Spiel zwischen Gehäuse und Zwischenboden ist nötig, weil das Gußeisen die unangenehme Eigenschaft hat, durch Aufnahme von Gasen auch nach dem Abdrehen immer wieder zu wachsen. Perlitguß zeigt diese Eigenschaft nicht. Da in den Düsen Druckenergie in Geschwindigkeitsenergie umgesetzt wird, so ist der Zwischenboden einem Achsialdruck ausgesetzt; wir erzwingen diesen Druckunterschied durch die Abnahme des Düsenkanalquerschnittes von der Eintritts- nach der Austritts-seite hin (Abb. 2); die Dampfmenge muß so durch das Düsenende mit erhöhter Geschwindigkeit strömen, was nur auf Grund eines Druckabfalles möglich ist; vor und hinter dem Laufschaufelkranz

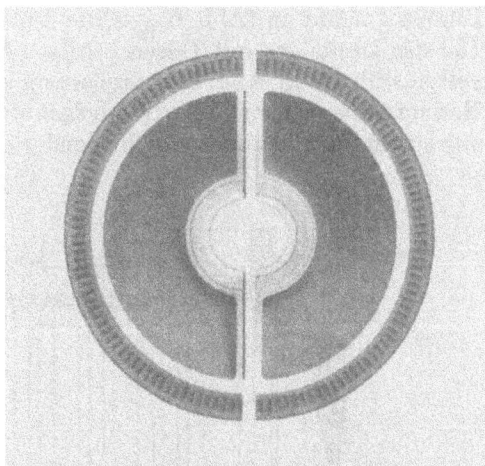

Abb. 5. Ansicht eines geteilten Leitapparates (Bergmann Elektr.-Werke).

bleibt der Druck gleich, daher auch der Name Gleichdruckturbine. Dies wird dadurch erreicht, daß der Schaufelkanalquerschnitt von der Eintritts- nach der Austrittsseite hin gleich bleibt (Abb. 2). Die kegelförmige Gestalt soll den Zwischenboden bei geringer Wandstärke widerstandsfähig gegen den Achsialdruck machen. Am Umfang ist eine Nut eingedreht zur Einlage einer Asbestschnur; diese einfache Abdichtung genügt hier, weil ja die gegeneinander abzudichtenden Teile beide feststehen; dagegen ist in der Nabe eine sog. Labyrinthstopfbüchse vorgesehen; wegen des kleinen Nabendurchmessers ist der hier auftretende Undichtigkeitsverlust oder Zwischenstopfbüchsenverlust sehr gering. Je ein zusammengehöriger Düsen- und Laufschaufelkranz bilden eine sog. Stufe. In der ersten Stufe ist kein Zwischenboden nötig, weil hier die Düsen unmittelbar am Gehäuse befestigt werden können (Abb. 1, 6); in der Regel ist bei der ersten Stufe, oft auch

Abb. 6. Befestigung eines Düsensegmentes am Gehäuse (Bergmann Elektr.-Werke).

bei mehreren Stufen der Zudampfseite des höheren Druckgebietes nicht der ganze Umfang mit Düsen zu besetzen; da nämlich bei dem in der ersten Stufe noch herrschenden höheren Druck das spezifische Dampfvolumen noch sehr klein ist, so ergibt sich rein rechnungsmäßig bei voller Beaufschlagung ein aus konstruktiven Gründen zu kleiner Wert für die Düsenhöhe; man spricht alsdann von der bereits erwähnten teilweisen Beaufschlagung; für diese wendet man in der ersten Stufe in der Regel sog. Düsensegmente an (Abb. 6), während man bei Zwischenböden nur einen Teil des Umfanges mit Düsen besetzt und den übrigen Teil blind, d. h. voll ausführt. In Abb. 6 ist außerdem noch vom Gehäuseunterteil der Horizontalflansch mit den Stehbolzen deutlich zu sehen. Turbinen mit nur einem Rad kommen nur in Sonderfällen bei kleinen Wärmegefällen

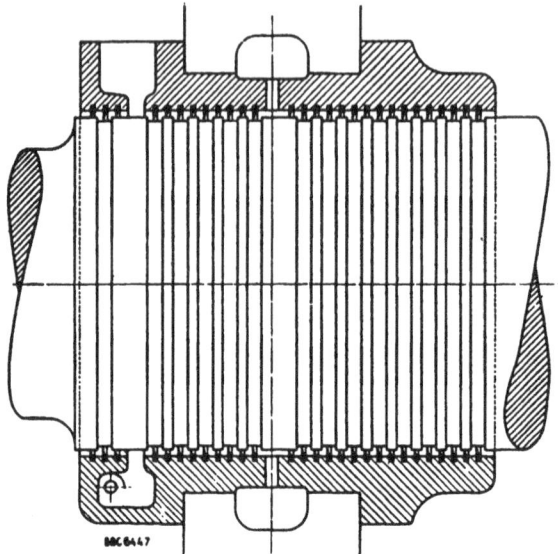

Abb. 7. Die Stopfbüchse der Brown Boveri-Turbine zeichnet sich durch große Einfachheit aus und bedarf keiner Wartung.

in Frage; die Verarbeitung des großen Druckgefälles zwischen Kessel und Kondensator in nur einer Stufe ist unwirtschaftlich; das gesamte Gefälle darf aber nicht zu gleichen Teilen auf die einzelnen Stufen verteilt werden; da nämlich mit abnehmendem Druck das spezifische Dampfvolumen stark zunimmt, so müßte trotz gleicher Geschwindigkeit und Dampfmenge die Düsenhöhe in den letzten Stufen ebenfalls stark zunehmen. Aus diesem Grunde läßt man im Vakuumgebiet größere Gefälle und damit größere Dampfgeschwindigkeiten je Stufe zu.

Für die Außenstopfbüchsen zwischen Welle und Gehäuse verwendet man entweder ebenfalls Labyrinthringe oder aber auch Kohlenringe. Bei den ersteren (Abb. 7) können die Ringe entweder eingestemmt oder aus dem Vollen herausgearbeitet sein; wegen des Spielraums am Umfang der Ringe entfällt jegliche Eigenreibung, so daß sie besonders bei großen Geschwindigkeiten Anwendung finden; der Leckdampf wird bei diesen Büchsen dadurch auf ein geringeres Maß herabgedrückt, daß er beim Durchwandern der vielen Labyrinthstellen wiederholt einer Drosselung und Ausdehnung unterworfen wird. Bei Kohlenringstopfbüchsen bisheriger Konstruktion tritt infolge der Berührung zwischen Ring und Welle Eigenreibung und Abnutzung der Welle auf; eine neuere Konstruktion (Abb. 8) vermeidet diese Nachteile; die Kohlensegmente sind, wie die Abb. zeigt, derartig profiliert und geteilt, daß die am Umfang liegende Wellfeder die Kohlenringe achsial statt radial zur Anlage bringt. Der aus der Hochdruckaußenstopfbüchse noch austretende Leckdampf wird als Sperrdampf in die Niederdruckaußenstopf-

büchse geleitet; reicht derselbe nicht aus, so muß Frischdampf zugesetzt werden; denn nur so kann ein Eindringen von Außenluft in die Turbine und damit eine Verschlechterung des Vakuums vermieden werden. Wird dagegen nicht der gesamte Leckdampf zum Sperren benötigt, so leitet man den Überschuß unmittelbar in den Kondensator und nicht wie früher noch in eine Zwischenstufe. Der durch

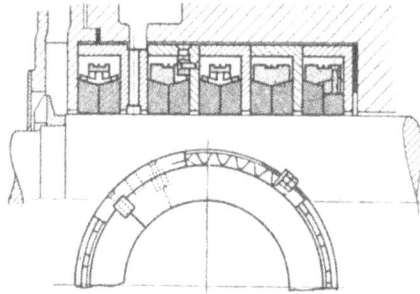

Abb. 8. Kohlenstopfbüchse der G. Huhn Stopfbüchsenfabrik Berlin.

das Stopfbüchsenrohr nicht mit abziehende Dampf, also der eigentliche Leckdampf, geht durch das sog. Schwadenrohr ins Freie; sichtbar ist nur der nasse Dampf, dagegen der gasähnliche Heißdampf nicht.

Das Traglager auf der Hochdruckseite wird bei Gleichdruckturbinen gewöhnlich zugleich als Kammlager durchgebildet, um bei etwaigen Wärmeverformungen ein Anstreifen der Schaufeln zu verhindern; das Trag- und Kammlager sitzt in einem Lagerständer, welch letzterer entweder mit dem unteren Gehäuseteil ein gemeinsames Gußstück bildet oder bei größeren Abmessungen mit demselben verflanscht ist. Am Abdampfteil ist das Gehäuse mit seitlich angegossenen Füßen versehen, welche mit dem Grundrahmen fest verbunden werden; der ebenfalls auf dem Grundrahmen sitzende Lagerständer auf der Hochdruckseite dagegen kann sich bei Wärmedehnungen des Gehäuses in der Längsrichtung verschieben; dabei wird aber der Rotor auf dem Weg über das Kammlager mitgenommen, so daß die achsialen Spielräume zwischen Stator- und Rotorschaufeln erhalten bleiben. Ein Dampfschub in achsialer Richtung kann bei Gleichdruckturbinen nicht auf den Rotor wirken, weil der Druckunterschied allein von den feststehenden Zwischenböden aufgenommen wird.

Das Schmieröl wird durch eine von der Turbinenwelle angetriebene Pumpe auf Druck gebracht. Das Öl wirkt schmierend und kühlend zugleich. In den Ölkreislauf ist daher ein Ölkühler eingebaut. Das Preßöl wird schließlich noch zu Regulierzwecken ausgenutzt.

b) Gleichdruckturbinen mit Geschwindigkeitsstufen. (Curtisräder.)

Beim Curtisrad wird in den Düsen ein besonders großes Druckgefälle verarbeitet. Damit alsdann der Austrittsverlust klein bleibt, wird das Curtisrad zum Unterschied vom einkränzigen Rad mit mehr als einem Laufkranz, und zwar mit 2 oder 3 oder gar 4 Laufschaufelkränzen ver-

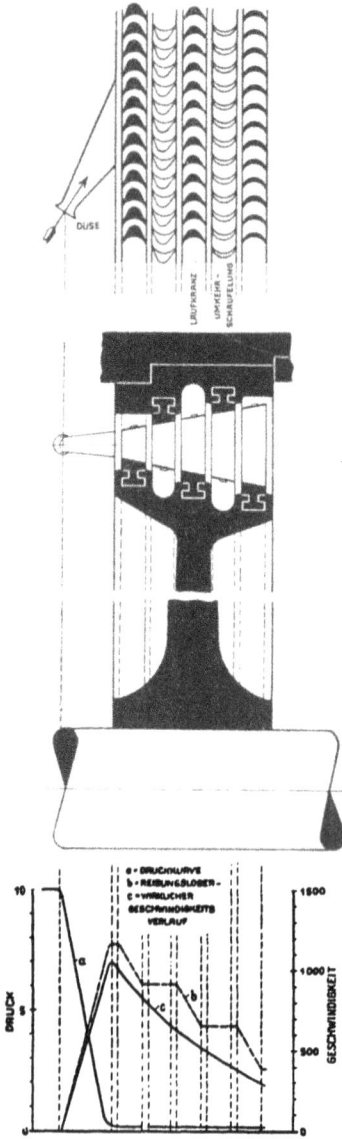

Abb. 9. Geschwindigkeitsrad einer Dampfturbine mit Umkehrschaufelung (M. A. N.).

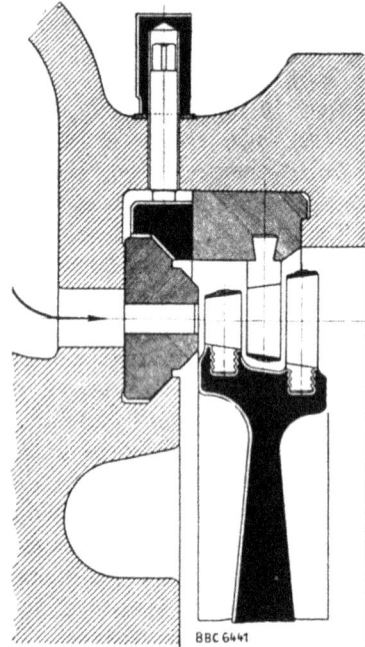

Abb. 10. Befestigung der Düsensegmente im Gehäuse.

sehen (Abb. 9 u. 10), so daß die Umsetzung der Bewegungsenergie in mechanische Arbeit in diesen 2 bzw. 3 oder 4 Laufkränzen vor sich geht. Praktische Bedeutung kommt heute nur noch den 2- oder 3kränzigen Rädern zu. Die 4kränzigen Räder hatten nur bei den früheren, direkt wirkenden und damit langsam laufenden Schiffsturbinen einen Sinn. Denn wenn es sich hier gar um Marschfahrt handelte, bei der die Umfangsgeschwindigkeit einen besonders kleinen Wert annahm, so wies hier bei den üblichen Verhältnissen von

$$\frac{\text{Dampfgeschwindigkeit}}{\text{Umfangsgeschwindigkeit}} = \frac{c_0}{u} \text{ (Abb. 11)}$$

unter den 1-, 2-, 3- und 4-kränzigen Rädern nur noch das letztere einen einigermaßen brauchbaren Wirkungsgrad auf, obwohl letzterer seinem Absolutwert nach auf die Dauer nicht befriedigen konnte; die bei Marschfahrt mit 12 bis 15 Seemeilen/h an der Turbine tatsächlich auftretenden Werte c_0/u betrugen nämlich etwa 16. Beim Curtisrad bleibt der Druck, welcher sich hinter den Düsen einstellt, in allen Schaufelkränzen derselbe. Der zwischen je zwei Laufschaufelkränzen sitzende Leitschaufelkranz oder Umlenkkranz hat nur den einen Zweck, den aus dem einen Laufkranz austretenden Dampfstrahl so umzulenken, daß er dem nächsten

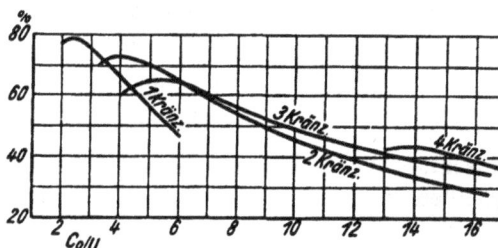

Abb. 11. Wirkungsgrad η_i von 1-, 2-, 3- und 4 kränzigen Gleichdruckrädern.

Laufkranz wieder in der vorgeschriebenen Drehrichtung des Laufrades zuströmen kann. Die Wirkungsgradkurven (Abb. 11), welche auf S. 18 noch näher besprochen werden, lassen erkennen, daß der maximal erreichbare Wirkungsgrad beim Curtisrad kleiner ist als beim einkränzigen Rad. Man wird somit nur unter ganz bestimmten besonderen Verhältnissen zur Ausführung eines Curtisrades greifen. Das Hauptanwendungsgebiet gibt für das Curtisrad zweifellos die Kleinkraftturbine ab. Man kann mit einem, höchstens zwei Rädern und daher mit einer im Ankauf billigen Maschine die größten Gefälle verarbeiten. Außerdem fällt hier der Vorteil der einfachen Bedienung und derjenige der Betriebssicherheit sehr ins Gewicht; ferner verwendet man das Curtisrad auch im Hochdruckgebiet von Überdruckmaschinen; bei den höheren Drücken begegnet nämlich die Ausführung von Überdruckstufen großen Schwierigkeiten, so daß hier ein Curtisrad und ev. noch mehrere einkränzige Gleichdruckräder vorgeschaltet werden; freilich tritt neuerdings das Curtisrad mehr und mehr in den Hintergrund zugunsten des wirtschaftlicheren, einkränzigen Gleichdruckrades, so daß man lauter einkränzige Gleichdruckräder vorschaltet; nur wird eben dann der Druck hinter den Düsen der ersten Stufe, der gleichbedeutend ist mit

dem höchsten im Gehäuse auftretenden Druck, nicht so weit herunter-
gedrückt werden können wie beim Curtisrad; dies wird alsdann meist
dazu zwingen, den Hochdruckgehäusedeckel aus Stahlguß anstatt aus
dem billigeren Gußeisen auszuführen; ferner wird der größere Gehäuse-
druck auch einen größeren Hochdruck-Außenstopfbüchsenverlust be-
dingen. Einen günstigen Einfluß hat das vorgeschaltete Curtisrad auch
noch auf den Dampfverbrauch bei Teillasten. Hier wird die heute fast
überall übliche Düsenregulierung dafür sorgen, daß der Druck vor der
Maschine unverändert bleibt, dagegen werden alle übrigen Drücke in
der Maschine etwa proportional mit der Dampfmenge sich ändern;
dies kommt also bei Teillast einer Vergrößerung des im Curtisrad ver-
arbeiteten Gefälles und damit einem größeren Wert c_0/u gleich; da ist
aber (Abb. 11) das Curtisrad wirtschaftlicher wie das einkränzige Rad.
Man erkennt hieraus, daß bei der Frage, ob ein einkränziges oder mehr-
kränziges Rad vorzuschalten ist, nicht allein der Wirkungsgrad des
Rades und damit also nicht allein das Verhältnis

$$\frac{\text{Dampfgeschwindigkeit } c_0}{\text{Umfangsgeschwindigkeit } u}$$

ausschlaggebend ist, sondern daß die Gesamtwirtschaftlichkeit entscheiden muß; diese aber läßt sich nur auf Grund einer vollständigen
Maschinenberechnung feststellen.

4. Rechnerische Grundlagen für Gleichdruckturbinen.

a) Reibungs-, Wirbel- und Stoßverluste.

Die Reibungsverhältnisse in den Leit- und Laufkanälen von Dampfturbinen sind bis heute noch nicht genügend erforscht; die Geschwindig-
keitsverluste in diesen Kanälen entstehen durch Wandreibung, Stoß am
Eintritt in den Kanal, Verdichtung und Wiederausdehnung in der
Krümmung, Sekundärströmungen in der Krümmung und Wirbelbildung;
eine Formel (Stodola, 5. Aufl., S. 141), welche den Betrag der Reibung
ungefähr zu erfassen gestattet, lautet:

$$R = \int \zeta \, \frac{U \cdot w^2}{F \cdot 2\,g} \, dl;$$

dabei ist $\frac{w^2}{2\,g}$ die Energie; $\zeta =$ Verlustzahl, welche angibt, der wievielte
Teil dieser Energie durch Reibung verlorengeht; $U =$ Umfang des
Kanalquerschnittes; $F =$ Flächeninhalt des Kanalquerschnittes; $l =$
Länge des Kanals; über ζ aber fehlt jeglicher Anhaltspunkt; es ist bis
heute üblich, nicht mit ζ, sondern unmittelbar mit Erfahrungswerten
für die sog. Geschwindigkeitszahlen φ und ψ zu rechnen, so daß also
$c_1 = \varphi c_0$ ist, d. h. $c_1 =$ wirkliche Düsenaustrittsgeschwindigkeit; $c_0 =$

theoretische Düsenaustrittsgeschwindigkeit; $\varphi = $ Düsenkoeffizient; ferner $w_2 = \psi w_1$, d. h. $w_1 = $ relative Eintrittsgeschwindigkeit des Dampfes in den Laufschaufelkanal; $w_2 = $ relative Austrittsgeschwindigkeit des Dampfes aus dem Laufschaufelkanal; $\psi = $ Schaufelkoeffizient;

$\varphi = 0,9 \div 0,97$ bei parallelwandigem Düsenaustritt $\left.\begin{array}{l}\end{array}\right\}$ Stodola, 5. Aufl.,
$\varphi = 0,95 \div 0,97$ bei erweitertem Düsenaustritt $\qquad$ S. 143.

Bezüglich des Wertes ψ für Gleichdrucklaufschaufeln sowie für Überdruckleit- und -laufschaufeln ist dieses zu beachten: Bei den Gleichdruckschaufeln ist der Einfluß der aus dem Spalt angesaugten Dampfmenge ein größerer als bei den Überdruckschaufeln; ferner ist es nicht üblich, bei dem Schaufelkoeffizienten für Überdruckleit- und -laufschaufeln einen Unterschied zu machen, da bis heute für Leit- und Laufschaufeln die gleiche konstruktive Ausführung gewählt wird; übliche Erfahrungsmittelwerte sind:

$\psi = 0,88$ für Gleichdrucklaufschaufeln,
$\psi = 0,9$ für Überdruckleit- und -laufschaufeln.

Mit Rücksicht auf diese Werte ist man bestrebt, den Teil der Schaufelkanäle, in dem die Geschwindigkeit erzeugt wird, möglichst kurz zu halten. Bei gefrästen Schaufeln ergeben sich wesentlich bessere Werte.

b) Geschwindigkeitsverhältnisse des Dampfes in der Turbine und Entwurf der Geschwindigkeitsdreiecke beim einkränzigen und beim mehrkränzigen Gleichdruckrad.

Zum leichteren Verständnis sei zuvor folgendes Hilfsbeispiel besprochen. In einem fahrenden Eisenbahnwagen fällt vom Paketnetz ein Paket herunter. Sitzt der Beobachter selbst im Wagen, dann sieht er an dem fallenden Paket nur die Bewegung in bezug auf den Wagen oder die sog. Bezugsgeschwindigkeit oder Relativgeschwindigkeit. In Wirklichkeit besitzt aber das Paket noch eine zweite Bewegungskomponente, das ist die Fahrzeuggeschwindigkeit, welche das Paket zufolge des Trägheitsgesetzes auch noch während des Fallens an sich hat; die Resultante aus diesen beiden Komponenten ist die wirkliche Geschwindigkeit des fallenden Pakets; dieselbe nimmt derselbe dann wahr, wenn er außen, auf fester Erde stehend, in den vorbeifahrenden Wagen hineinblickt. Es gilt somit ganz allgemein die Gleichung:

Wirkliche Bewegung = Fahrzeugbewegung + Relativbewegung (Abb. 12).

Das Geschwindigkeitsdreieck der Figur müssen wir uns unendlich klein vorstellen; in Wirklichkeit ergibt sich für die Fallbewegung eine Parabel, in deren einzelnen Punkten die Geschwindigkeitsverhältnisse jeweils durch ein Geschwindigkeitsdreieck von der Art der Abb. 12 dargestellt werden. Dabei sei noch darauf hingewiesen, daß im Dreieck nach den statischen Grundgesetzen der Pfeil der Resultante stets den Umlaufsinn der Komponentenpfeile stört.

Durch sinngemäße Anwendung dieses Hilfsbeispiels auf die Dampfturbinentheorie wird deren schwierigster Teil ohne weiteres verständlich. Zum Fahrzeug wird hier das rotierende Laufrad bzw. der rotierende

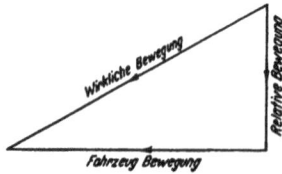

Abb. 12. Relativgeschwindigkeit.

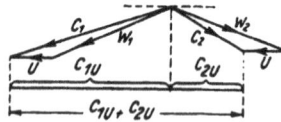

Abb. 13. Geschwindigkeitsdreiecke eines einkränzigen Gleichdruckrades.

Laufschaufelkanal; somit verstehen wir jetzt unter der Fahrzeugbewegung die Umfangsgeschwindigkeit des Laufrades, gemessen im mittleren Schaufelkreisdurchmesser. An die Stelle des Paketes tritt der Dampf. Aus den feststehenden Düsen kommt der Dampf mit einer wirklichen Geschwindigkeit c_1 (Abb. 2, 13) heraus; aus c_1 und „u‘, ergibt sich nun von selbst „w_1“; nun ist „w_1“ die Relativgeschwindigkeit, mit welcher der Dampf in die rotierenden Laufschaufeln einströmt. Aus den Pfeilrichtungen geht hervor, daß c_1 als wirkliche Geschwindigkeit tatsächlich die Resultante, dagegen „u“ und „w_1“ als Fahrzeug- und Relativgeschwindigkeit die beiden Komponenten sein müssen; wenn der Dampf stoßfrei in den rotierenden Laufschaufelkanal eintreten soll, dann muß der Eintrittswinkel der Laufschaufeln gleich der Richtung von w_1 gemacht werden; bleibt nun, wie dies bei Gleichdruckturbinen der Fall ist, der Schaufelkanalquerschnitt von der Ein- nach der Austrittsseite hin unveränderlich, und sehen wir zunächst von der Reibung des Dampfes an den Schaufelwänden ab, dann verläßt der Dampf den Kanal mit einer Relativgeschwindigkeit $w_2 = w_1$; in Wirklichkeit ist jedoch mit Rücksicht auf S. 13 „$w_2 = \psi \cdot w_1$“; bei der Konstruktion der Schaufelprofile wird gewöhnlich der Austrittswinkel = Eintrittswinkel gemacht; damit ist dann die Richtung von „w_2“ festgelegt; aus „w_2“ und „u“ folgt von selbst „c_2“, was nach obigem eine wirkliche Geschwindigkeit darstellt, und zwar die wirkliche Dampfaustrittsgeschwindigkeit aus dem Schaufelkanal und aus der Stufe überhaupt. Diese Geschwindigkeit ist für die betreffende Stufe verloren. In der mehr oder weniger starken Verkleinerung der wirklichen Geschwindigkeit c_1 auf c_2 kommt die mehr oder weniger vollkommene Umwandlung der Bewegungsenergie in mechanische Energie zum Ausdruck. Von der Austrittsenergie einer Stufe kann bei mehrstufigen Maschinen ein Teil in der darauffolgenden Stufe wieder ausgenützt werden. In der letzten Stufe ist die gesamte Austrittsenergie als verloren zu betrachten.

Bei Düsen wie Schaufeln wird nur der Austrittsquerschnitt berechnet, da sich der Eintrittsquerschnitt konstruktiv von selbst ergibt. Wir merken uns grundsätzlich: *In feststehenden Düsenkanälen strömt der Dampf stets mit wirklichen Geschwindigkeiten, in rotierenden dagegen mit relativen.* Demnach ist der Düsenaustrittsquerschnitt mit c_1 zu berechnen und der Laufschaufelaustrittsquerschnitt mit w_2.

Der Düsenaustrittswinkel wird in der Regel zu tg $\alpha = 0{,}25$ angenommen; zu größeren Werten geht man erst über, wenn es gilt, infolge großer spezifischer Dampfvoluminas entsprechend kleinere Schaufellängen anzustreben.

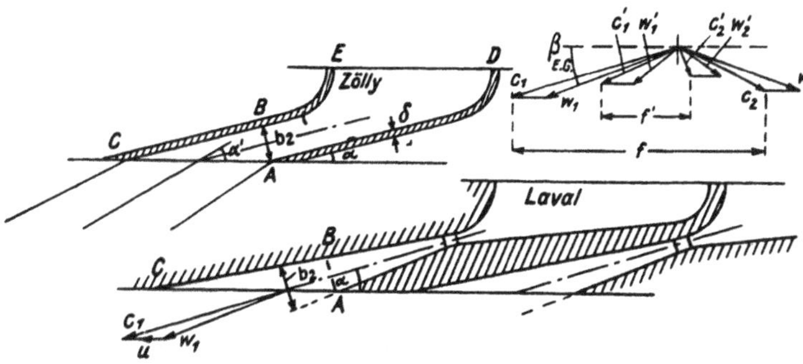

Abb. 14.

Entwurf der Geschwindigkeitsdreiecke beim zweikränzigen C-Rad. Mit Rücksicht auf die Düsenkonstruktion (S. 24) wird für die mittlere Düsenachse im Mittel tg $\alpha \geq 0{,}3$ gewählt; der genaue Wert muß der jeweils auszuführenden Erweiterung angepaßt werden. Aus „c_1" und „u" (Abb. 14) ergibt sich w_1 und β_{EG} (E = Eintritt; G = Geschwindigkeit); für stoßfreien Eintritt macht man den Schaufeleintrittswinkel $\beta_{ES} = \beta_{EG}$ (S = Schaufel); den Schaufelaustrittswinkel β_A macht man gleich oder kleiner als den Eintrittswinkel; damit ist die Richtung von w_2 festgelegt; die Größe folgt aus $w_2 = \psi w_1$; aus w_2 und „u" folgt c_2 nach Größe und Richtung, das ist die wirkliche Eintrittsgeschwindigkeit in den Umlenkkranz; für stoßfreien Eintritt muß nun der Schaufeleintrittswinkel des Umlenkkranzes gleich dem Winkel von c_2 sein; macht man ferner $c_1' = \psi c_2$ und den Schaufelaustrittswinkel des Umlenkkranzes gleich oder kleiner dem Eintrittswinkel, so geht der weitere Entwurf der beiden nächsten Geschwindigkeitsdreiecke nach denselben Gesichtspunkten vor sich wie derjenige der beiden ersten Dreiecke. Es empfiehlt sich, die beim Entwurf von Geschwindigkeitsdreiecken sich ergebenden Daten etwa in folgender Tabelle ihrem Zahlenwert nach übersichtlich zusammenzustellen:

	Eintritts-	Austritts-	Schaufel-	
	geschwindigkeit		eintritts-	austritts-
	m/s	m/s	winkel in °/₀	
Düse (feststehend)		c_1 (wirklich)		tg α (angenonmen)
Laufkranz 1 (beweglich)	w_1 (relativ)	w_2 (relativ)	tg β_{Es} aus Richtung w_1	tg β_{Is} (angenonmen)
Leitkranz (feststehend)	c_2 (wirklich)	c_1' (wirklich)	tg β_{Es} (aus Richtung c_2)	tg β_{Is} (angenonmen)
Laufkranz II (beweglich)	w_1' (relativ)	w_2' (relativ)	tg β_{Es} (aus Richtung w_1')	tg β_{Is} (angenonmen)

Geschwindigkeitsdreiecke beim 3 kränzigen C-Rad. Hierfür gelten die gleichen Richtlinien wie beim 2 kränzigen C-Rad: auch bezüglich des Winkels α gilt das bereits beim 2 kränzigen C-Rad Gesagte.

c) Berechnung der Düsenaustrittsgeschwindigkeit „c_1" mittels des JS-Diagramms.

Theoretisch entspricht die Strömung des Dampfes durch die Düsen einer Zustandsänderung, bei der weder Wärme zu- noch abgeführt wird, also einer Adiabate. Ist somit die Erzeugungswärme oder der Wärmeinhalt des Dampfes vor den Düsen I_1 kcal und hinter den Düsen I_2 kcal, dann wird in den Düsen das adiabatische Gefälle $h_{ad} = I_1 - I_2$ kcal in Geschwindigkeit umgesetzt; h_{ad} kann bekanntlich aus dem JS-Diagramm als vertikale Strecke herausgemessen werden. Bezeichnet nun außerdem c_0 m/s = theoretische Düsenaustrittsgeschwindigkeit des Dampfes entsprechend der adiabatischen Expansion, ferner

$$m = \frac{1}{9,81}\, \frac{kg \cdot s^2}{m} = \text{Masse von 1 kg Dampf,}$$

so ist die mechanische Wärmeenergie des Dampfes $= h_{ad}$ kcal $= 427 \cdot h_{ad}\, m \cdot kg/kg$ und die Geschwindigkeitsenergie oder Bewegungsenergie des Dampfes $= \frac{1}{2} m \cdot c_0^2 = \frac{c_0^2}{2 \cdot 9,81}$; diese beiden Energiemengen sind nach obigem einander gleich, so daß sich ergibt:

$$\frac{c_0^2}{2 \cdot 9,81} = 427 \cdot h_{ad}; \quad c_0 = 91,5 \sqrt{h_{ad}} \text{ m/s.}$$

In Wirklichkeit aber handelt es sich nicht um eine adiabatische Zustandsänderung, da ja die bereits S. 12 genannten Verluste auftreten, die durch den ebenfalls dort genannten Düsenkoeffizienten φ erfaßt werden. Es ist also die wirkliche Düsenaustrittsgeschwindigkeit $c_1 = \varphi c_0$.

d) Wirkungsgrad der Turbine und sein Zusammenhang mit dem Gesamtwirkungsgrad eines Kreisprozesses.

(Gesamtwirkungsgrad — Thermodynamischer Wirkungsgrad der Turbine — Wirkungsgrad am Radumfang oder indizierter Wirkungsgrad bei der Gleichdruckturbine — Mechanische Verluste — Thermodynamischer Wirkungsgrad und Dampfverbrauch.)

Gesamtwirkungsgrad der Turbine. Wir verstehen darunter den Quotienten

$$\eta_{gesamt} = \frac{\text{Wellenenergie an der Turbinenkupplung}}{\text{Brennstoffenergie}}.$$

Nach den Gesetzen der Wärmelehre kann ein Kreisprozeß auch unter den günstigsten Voraussetzungen, wie dies beim Carnotschen Kreisprozeß der Fall ist, immer nur mit einem theoretischen, thermischen Wirkungsgrad < 1 verlaufen. Betrachten wir nun einmal eine aus Dampfkessel und Dampfturbine bestehende Anlage unter der vorläufigen Annahme eines Wirkungsgrades $= 1$ für Kessel, Turbine, Speisewasserförderung, Kondensathilfsmaschinen und Rohrleitungsverluste; wir setzen also eine ideale technische Anlage voraus; dann ist $\eta_{gesamt} = \eta_{thermisch} \cdot 1$; in einem bestimmten Fall mit 20 ata und 400°C vor der Turbine und 0,02 ata (98% Vakuum) am Ende der Turbine wird alsdann

$$\eta_{thermisch} = \frac{\text{Gewinn}}{\text{Aufwand}} = ?;$$

der Gewinn ist gleich dem adiabatischen Gefälle $h_{ad} = 281$ kcal nach dem JS-Diagramm; der Aufwand $=$ Gesamterzeugungswärme — Kondensatwärme $= 776 - 17,2 = 758,8$ kcal;

$$\eta_{thermisch} = \frac{281}{758,8} = 0,37.$$

Wir tragen nunmehr noch den tatsächlichen Verlusten der technischen Anlage Rechnung; z. B. $\eta_{Kessel} = 0,82$ angenommen (damit sind Schornsteinverlust, Herdrückstand, Strahlung, Leitung, Ruß berücksichtigt). $\eta_{thermodynamisch\ für\ die\ Turbine} = 0,78$ angenommen; dieser sog. thermodynamische Wirkungsgrad der Turbine erfaßt den Düsenreibungsverlust, Schaufelreibungsverlust, Austrittsverlust, Lagerreibung, Schaufelventilation, Undichtigkeitsverluste.

Schließlich nehmen wir noch an $\eta_{Speisewasserförderung,\ Kondensathilfsmaschinen,\ Rohrleitung} = 0,97$; dann wird $\eta_{gesamt} = 0,37 \cdot 0,82 \cdot 0,78 \cdot 0,97 = 0,23$. Nehmen wir außer der hohen Überhitzung auch noch Höchstdruck bis 100 at an, dann kann dieser Wert bis auf 0,25 gehen.

Wirkungsgrad der Dampfturbine $\eta_{thermodynamisch}$. Nach Vorstehendem erfassen wir mit diesem Wirkungsgrad die Düsenreibung,

Schaufelreibung und Austrittsverluste sowie die Lagerreibung, Schaufelventilation und Undichtigkeitsverluste; diese Verluste teilen wir wiederum
in zwei Gruppen derart, daß sich ergibt: Wirkungsgrad am Radumfang
oder indizierter Wirkungsgrad η_i für die Düsenreibung, Schaufelreibung
und Austrittsverlust einerseits und $\eta_{mechanisch}$ für Lagerreibung, Schaufelventilation und Undichtigkeitsverluste anderseits. Wir behandeln nun
zunächst den Wirkungsgrad am Radumfang oder indizierter
Wirkungsgrad bei der Gleichdruckturbine.

Erster Weg. Man gewinnt eine Funktion für den Wirkungsgrad η_i
in Abhängigkeit von $\frac{c_0}{u}$ oder $\frac{u}{c_0}$, indem man die Energie am Radumfang als Differenz aus theoretischer Energie — Verluste darstellt.
Die im Dampf infolge der theoretischen Düsenaustrittsgeschwindigkeit c_0
steckende theoretische Energie ist

$$h_{ad} = A \cdot \frac{c_0^2}{2 \cdot g} \text{ kcal}; \quad \left(A = \frac{1}{427} = \text{mech. Wärmeäquiv.} \right).$$

Die in Frage kommenden Verluste sind:

1. Düsenreibungsverlust D.V. Er schließt nach obigem auch Wirbel-
und Stoßverluste ein und bewirkt die Verkleinerung von c_0 auf c_1; folglich

$$\text{D.V.} = A \cdot \left(\frac{c_0^2}{2g} - \frac{c_1^2}{2g} \right) \text{kcal}.$$

2. Schaufelreibungsverlust S.V. Auch er schließt Wirbel- und Stoßverluste in sich und bewirkt eine Verkleinerung von w_1 auf w_2; folglich

$$\text{S.V.} = A \cdot \left(\frac{w_1^2}{2g} - \frac{w_2^2}{2g} \right) \text{kcal}.$$

3. Austrittsverlust A.V. $= A \cdot \frac{c_2^2}{2g}$ kcal.

NB. Die Entwicklung der Funktion erfolgt nun zunächst unter
der Annahme, daß die Austrittsenergie vollkommen verloren
ist. Jeder Wirkungsgrad ist gleich $\dfrac{\text{Erlös}}{\text{Aufwand}}$; im vorliegenden Fall ist
der Erlös $= h_{ad} -$ Verluste $= h_i$, und der Aufwand $= h_{ad}$; h_i hat den
Namen „indiziertes Gefälle" und stellt den Energieanteil dar, welchen
der Dampf tatsächlich an den Radumfang abgibt.

(1) $\eta_i = \dfrac{h_i}{h_{ad}}$; $h_i = \dfrac{A}{2g} (c_0^2 - c_0^2 + c_1^2 - w_1^2 + w_2^2 - c_0^2)$.

Mit der üblichen Annahme $\beta_A = \beta_{EG} = \beta$ und unter Beachtung
von $c_1 = \varphi c_0$, $w_2 = \psi w_1$ ergibt sich durch Einsetzen obiger Werte in
Gleichung (1) und durch algebraische Umformung

(2)
$$\eta_i = 2\,\frac{u}{c_0}\,(1+\psi)\cdot\left(\varphi\cos\alpha - \frac{u}{c_0}\right).$$

**Wirkungsgrad am Radumfang eines einkränzigen Gleich-
druckrades, wenn Austrittsenergie ganz verloren.**

Nach Formel (2) ist η_i eine Funktion von $\dfrac{u}{c_0}$ und nicht etwa von
„u" allein oder von „c_0" allein; nimmt man nun für φ und ψ Erfah-
rungswerte an (etwa $\varphi = 0,95$ und $\psi = 0,88$), dann kann man für
bestimmte Werte von tg α innerhalb der üblichen Grenzen tg $\alpha = 0,25$
$\div 0,6$ ($\div 1,8$) die Wirkungsgrade η_i in Abhängigkeit von $\dfrac{u}{c_0}$ darstellen (Abb. 15). Der praktische Gebrauch der Kurven gestaltet sich
sehr einfach; man stellt für die zu
behandelnde Stufe das Verhältnis u/c_0
bzw. c_0/u fest oder nimmt einen
günstigen Wert an, womit η_i für einen
bestimmten Winkel tg α ohne weiteres
aus den Kurven abgelesen werden
kann. Alsdann ist auch das indizierte
Gefälle $h_i = \eta_i\cdot h_{\mathrm{ad}}$ bekannt, so daß die
einzelnen Verluste (Düsen-, Schaufel-
und Austrittsverlust) überhaupt nicht
berechnet zu werden brauchen.

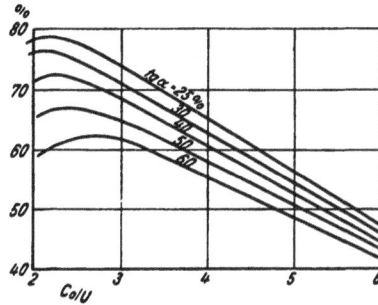

Abb. 15. Wirkungsgrad η_i für die einkränzige
Gleichdruckstufe.

Zweiter Weg. Für η_i muß sich
das Ergebnis der Gleichung (2) auch
durch Anwendung des Satzes vom Antrieb einstellen, demzufolge
der Antrieb der Kraft (Kraft · Zeit) = der Änderung der Bewegungs-
größe ist. (Masse mal Endgeschwindigkeit in Kraftrichtung — Masse mal
Anfangsgeschwindigkeit in Kraftrichtung.) Es seien wie beim ersten
Weg die Annahmen getroffen:

1. Austrittsenergie vollständig verloren.
2. Austrittswinkel β_A = Eintrittswinkel β_{ES}.

Es bezeichne:

P kg = treibende Umfangskraft (= Umfangskomponente des gesamten
  Umlenkungsdruckes).

t s = Zeit, während welcher P wirkt.

$m\,\dfrac{\text{kg}\cdot\text{s}^2}{m}$ = Masse des wirksamen Dampfes.

$+\,c_{2u}$ m/s = in die Kraftrichtung fallende Komponente der Endgeschwindigkeit. (Dabei Pfeil nach rechts als positiv gewertet.)

$-\,c_{1u}$ = in die Kraftrichtung fallende Komponente der Anfangsgeschwindigkeit. (Dabei Pfeil nach links als negativ gewertet.)

2*

Unter Berücksichtigung vorstehender Bezeichnungen ist

$$P \cdot t = m \cdot c_{2u} - (-m \cdot c_{1u}) = m \cdot (c_{1u} + c_{2u});$$

oder allgemein mit

$$f = c_{1u} \pm c_{2u} \text{ (Abb. 13) wird } P \cdot t = m \cdot f; \quad P = \frac{m}{t} \cdot f;$$

wir bezeichnen den Ausdruck $m/t = m_s$ als spezifische Masse; Leistung am Radumfang $P \cdot u\, m \cdot \text{kg/s} = u \cdot m_s \cdot f m \cdot \text{kg/s}$.

Für $G_{\text{sec}} = 1$ kg/s Dampfmenge ergibt sich $m_s = \dfrac{1}{9,81}$ kg · s/m, ferner

a) Leistung am Radumfang $L_i = u \cdot m_s f = u \cdot \dfrac{1}{9,81} \cdot f$; schließlich

steckt infolge der theoretischen Düsenaustrittsgeschwindigkeit c_0 m/s in der Dampfmenge $G_{\text{sec}} = 1$ kg/s ein

b) Theoretisches Leistungsvermögen

$$L_0 = \frac{1}{2} m_s c_0{}^2 m \cdot \text{kg/s} = \frac{c_0{}^2\, m\, \text{kg}}{2 \cdot 9,81\, \text{s}} \cdot$$

Daher $\eta_i = \dfrac{L_i}{L_0} = \dfrac{2 \cdot u}{c_0{}^2} \cdot f$; nach Abb. 13 ist $c_{1u} = c_1 \cos\alpha$; $c_{2u} = w_2 \cos\beta - u$;

$c_1 = \varphi c_0$; $w_2 = \psi w_1$; damit $\eta_i = \dfrac{2 \cdot u}{c_0{}^2} (c_1 \cdot \cos\alpha + w_2 \cdot \cos\beta - u) =$

$$= \frac{2\,u}{c_0{}^2} (c_1 \cos\alpha + \psi w_1 \cos\beta - u) = \frac{2\,u}{c_0{}^2} [c_1 \cos\alpha + \psi (c_1 \cos\alpha - u) - u] =$$

$$= \frac{2\,u}{c_0{}^2} (\varphi c_0 \cos\alpha - u) \cdot (1 + \psi); \quad \eta_i = \frac{2\,u}{c_0} (1 + \psi) \cdot \left(\varphi \cos\alpha - \frac{u}{c_0}\right) \text{ für das}$$

einkränzige Gleichdruckrad, wenn Austrittsenergie verloren und wenn Eintrittswinkel β_{ES} = Austrittswinkel β_A ist. Analog ergibt sich der Wirkungsgrad η_i für ein zweikränziges Curtisrad aus Leistung am Radumfang $L_i = \dfrac{u}{g} (f + f')$ (Abb. 14) und aus theoretischer Leistung $L_0 = \dfrac{c_0{}^2}{2g}$ zu $\eta_i = \dfrac{L_i}{L_0}$; schließlich finden wir in derselben Weise auch noch den

Wirkungsgrad η_i für ein dreikränziges Curtisrad aus Leistung am Radumfang $L_i = \dfrac{u}{g} (f + f' + f'')$ und theoretischer Leistung $L_0 = \dfrac{c_0{}^2}{2 \cdot g}$ zu $\eta_i = \dfrac{L_i}{L_0}$.

Mittels der Funktion für η_i erhält man die in Abb. 11 dargestellten η_i-Werte.

Anmerkung: Zusammenhang der Umfangskraft P mit dem gesamten Umlenkungsdruck U (Abb. 16); Aus c_1 und c_2 ergibt sich neben der Tangentialkomponente »P« noch die Achsialkomponente
P_a; die Resultante aus P und P_a kann
nichts anderes sein als der gesamte Um.
lenkungsdruck. Beweis: Vor der Schaufel
steckt in dem Dampf die wirkliche Kraft
$m_s \cdot c_1$ kg, hinter der Schaufel die wirkliche
Kraft $m_s \cdot c_2$ kg; die Richtung, in welcher
diese beiden Kräfte auf die Schaufel einwirken, ist aus der Figur ersichtlich; als
Resultante aus den beiden Kräften ergibt
sich die gleiche Kraft U wie oben, d. h.
der Umlenkungsdruck.

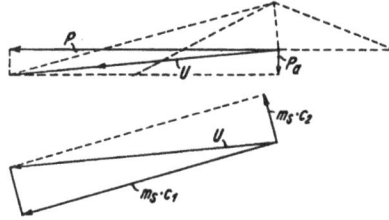

Abb. 16. Umfangskraft und
Umlenkungsdruck.

Mechanische Verluste.   (Lagerreibung + Ventilationsverluste
+ Undichtigkeitsverluste.)

Lagerreibung: Es bezeichne:

Q kg = Rotorgewicht;

$\varrho = 0{,}02$ = Lagerreibungskoeffizient;

d (in Meter) = Lagerzapfendurchmesser (Mittelwert für beide Zapfen
bei Überschlagsrechnungen);

n = Umdrehungen der Welle pro min;

$N_{\text{Lagerreibung}} = Q \cdot \varrho \cdot d \cdot \pi \cdot n/60 \cdot 75$ PS.

Ventilationsverluste: Man versteht darunter die Wirbelverluste,
hervorgerufen durch die im Dampf rotierenden Schaufeln, sowie auch
die Radreibung des Rades im Dampf. Diese Ventilationsverluste sind
naturgemäß um so größer, je kleiner die Beaufschlagung ist. Eine
Näherungsformel, welche den von Stodola (5. Aufl., S. 128) aufgestellten
Formeln angeglichen ist, und welche sich in der Praxis gut bewährte, lautet:

$$N_{\text{Ventilation}} = (u/100)^3 \cdot \gamma \cdot 1{,}78 \cdot D^2 + (1 - \varepsilon) \cdot D \cdot z \cdot l \text{ PS.}$$

N PS = Ventilationsverlust + Radreibung;

u m/s = mittlere Umfangsgeschwindigkeit der Laufkränze;

γ kg/m³ = spezifisches Gewicht des Dampfes, in dem die Schaufeln
rotieren;

D m = mittlerer Schaufelkreisdurchmesser;

z = Anzahl der Laufkränze.

l cm = mittlere Schaufellänge der einzelnen Laufkränze;

ε = Beaufschlagung.

Undichtigkeitsverluste. a) Stopfbüchsen mit Eigenreibung:
Am gebräuchlichsten sind die Kohlenringstopfbüchsen. Die Verlustdampfmenge läßt sich rechnerisch nur näherungsweise erfassen.

s mm = radiales Spiel zwischen Welle und Kohlenring ($s = 0{,}2 \div 0{,}4$ mm
im kalten Zustand);

d mm = Wellendurchmesser in der Stopfbüchse;

$F \text{ m}^2 = d\pi s \ 10^{-6} \text{ m}^2 = $ Stopfbüchsenquerschnitt;

$h_{ad} \text{ kcal} = $ zum Druckunterschied gehöriges Wärmegefälle;

$w = \zeta c_0 = 0,7 \cdot 91,5 \sqrt{h_{ad}} \text{ m/s} = $ Dampfaustrittsgeschwindigkeit. (Dabei ist $\zeta = 0,7$ ein Erfahrungskoeffizient.)

$v \text{ m}^3/\text{kg} = $ spezifisches Dampfvolumen hinter der Stopfbüchse;

$G \text{ kg/s} = $ Verlustdampfmenge.

Dann ist $G = F \cdot w/v$ kg/s.

Anmerkung: Es wird natürlich bei Stopfbüchsen, die wir in ihrer Wirkungsweise mit schlechten Mündungen vergleichen können, der Wert für c_0 niemals über dem Wert der kritischen Geschwindigkeit liegen; daher setzen wir in all den Fällen, bei denen der Druck hinter der Stopfbüchse $< p_{krit}$ ist, für c_0 die kritische Geschwindigkeit ein, oder mit anderen Worten, wir rechnen mit dem zwischen p_1 und p_{krit} gelegenen adiabatischen Gefälle.

b) **Labyrinthstopfbüchsen.** Die Verlustdampfmenge findet man durch folgende Näherungsformeln von Stodola (3. Aufl., S. 319):

$$G_{sec} = F \cdot \sqrt{\frac{g\,(p_1{}^2 - p_2{}^2)}{z \cdot p_1 v_1}}, \ \text{wenn} \ p_{krit} < p_2.$$

G s in kg/s = Verlustdampfmenge;

$F \text{ m}^2 = $ mittlerer Spaltquerschnitt pro Labyrinth $= d \cdot \pi \cdot s \cdot 10^{-6}$;

$z = $ Anzahl der Labyrinthe;

$d \text{ mm} = $ mittlerer Spaltdurchmesser;

$s \text{ mm} = $ Radialspalt;

d mm	300	400	500	1000
s mm	0,15	0,2	0,25	0,5

$p_1 \text{ kg/m}^2 = $ Anfangsdruck;

$p_2 \text{ kg/m}^2 = $ Enddruck;

$v_1 \text{ m}^3/\text{kg} = $ spezifisches Dampfvolumen am Anfang;

$p_{krit} = $ kritischer Druck $= p_1 \cdot \dfrac{0,85}{\sqrt{z + 1,5}}$;

$$G_{sec} = F \sqrt{\frac{g}{z + 1,5}} \cdot \frac{p_1}{v_1}, \ \text{wenn} \ p_{krit} > p_2.$$

Thermodynamischer Wirkungsgrad und Dampfverbrauch.

$h \text{ kcal} = $ Wärmegefälle im allgemeinen;

$h_{ad} \text{ kcal} = $ adiabatisches d. h. theoretisches Wärmegefälle zwischen den Dampfdrücken vor und hinter der Maschine;

$h_i \text{ kcal} = \eta_i \cdot h_{ad} = $ indiziertes Wärmegefälle;

$G_{st} \text{ kg/h} = $ zur Verfügung stehende Dampfmenge;

$G_{st} \cdot h_i \text{ cal/h} = $ zur Verfügung stehende Wärmeenergie;

632 cal/h = 1 PS; folglich entspricht der Wärmemenge $G_{st} \cdot h$ kcal/h eine Leistung von
$$N = G_{st} \cdot h/632 \text{ PS}.$$

Setzt man in vorstehende Formel das adiabatische Gefälle ein, so wird:

$$N_{\text{theoretisch}} = \frac{G_{\text{st}} \cdot h_{\text{ad}}}{632} \text{ PS}$$

die Leistung der idealen, d. h. verlustlosen Turbine.

Für h_i ergibt sich:

$$N_i = \frac{G_{\text{st}} \cdot h_i}{632} \text{ PS}_i$$

die Leistung am Radumfang.

Nach obigem ist die wirkliche Leistung

$$N_e = \eta_{\text{thermodynamisch}} \cdot N_{\text{theoretisch}}.$$

Der wirkliche Dampfverbrauch in kg/PS$_e$h ist

$$D_e = \frac{G_{\text{st}}}{N_e} \text{ kg/PS}_e\text{h} = \frac{632}{\eta_{\text{thermodynamisch}} \cdot h_{\text{ad}}} \text{ kg/PS}_e\text{h}.$$

Die praktische Bedeutung dieser Formel ist diese: Gewöhnlich kennt man für die zu behandelnde Maschine den ungefähr zu erwartenden thermodynamischen Wirkungsgrad. Bei normalen Großkraftturbinen liegt er zwischen 70 bis 75%, bei Hoch- und Höchstdruckturbinen sogar bis 78%; hat man gar keinen Anhaltspunkt für seine Größe, wie dies bei langsamlaufenden Turbinen, bei Kleinturbinen und auch bei Sonderturbinen der Fall ist, dann nimmt man den mechanischen Wirkungsgrad in der Gegend von 0,87 bis 0,94 an und bestimmt den stärkeren Schwankungen unterworfenen indizierten Wirkungsgrad η_i an Hand der Wirkungsgradkurven; damit kennt man auch in diesem Fall den Wirkungsgrad $\eta_{\text{thermodynamisch}} = \eta_{\text{mech.}} \cdot \eta_i$; außerdem kennt man das adiabatische Gefälle h_{ad} zwischen Anfangs- und Enddruck der Maschine und damit auch den Dampfverbrauch

$$D_e = 632 : (\eta_{\text{thermodynamisch}} \cdot h_{\text{ad}}) \text{ kg/PS}_e\text{h}.$$

e) Darstellung der Zustandslinien für ein- und mehrkränzige Gleichdruckräder im I-S-Diagramm.

Streng genommen würde sich z. B. für eine einkränzige Gleichdruckstufe die Abb. 17 ergeben; danach sind die Verluste D.V., S.V., A.V. der Reihe nach von h_{ad} in Abzug gebracht, und die wirkliche Zustandslinie ist durch die stark eingezeichnete Linie dargestellt; bis zum kritischen Druck fällt die

Abb. 17. Genaue Zustandslinie eines einkränzigen Gleichdruckrades.

Zustandslinie mit der theoretischen Adiabate zusammen. Ähnlich müßte für ein zweikränziges Curtisrad der Reihe nach der Verlust in den Düsen, im Laufkranz I, Leitkranz, Laufkranz II und der Austrittsverlust

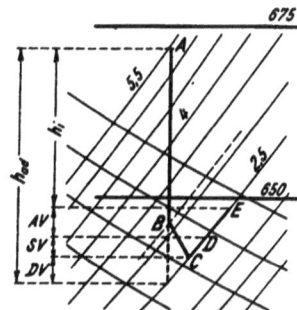

angetragen werden. In der Praxis aber stellt man nur h_{ad} und h_i dar, und zwar bei ein- wie mehrkränzigen Rädern (Abb. 18); man trägt also von A aus $h_i = \eta_i \cdot h_{ad}$ nach unten ab, zieht durch den Endpunkt die Horizontale und spricht die starke Linie AC als die wirkliche Zu-

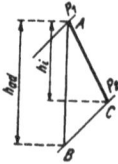

Abb. 18.
Näherungs-
weise Zustands-
linie einer
Gleichdruck-
stufe.

standslinie an; bei Querschnittsberechnungen nimmt man am Düsenende das Volumen in B, am Ende von Lauf- und Leitkränzen in C. Bei roben Überschlagsrechnungen kann man für Düsen und Schaufeln das gleiche Volumen im Punkte C wählen. Reiht sich nun an diese Stufe eine weitere Stufe an, so ist der Punkt „C" für diese weitere Stufe zugleich der Anfangszustandspunkt vor den Düsen. Wir tragen für die neue Stufe ebenfalls das adiabatische und das indizierte Gefälle ein und erhalten in gleicher Weise wie oben die wirkliche Zustandslinie.

f) Berechnung von einfachen, nicht erweiterten Düsen oder von sogenannten Zöllydüsen.

Für eine ununterbrochen stattfindende Dampfströmung, bei der durch die Maschine in der Zeiteinheit immer dieselbe Dampfmenge geht, gilt an jeder Querschnittstelle der durchströmten Kanäle die sog. Kontinuitätsgleichung oder Stetigkeitsgleichung

$$G \cdot v = F \cdot c \dots \dots \dots \dots (1)$$

G kg/s = Dampfmenge F m² = Kanalquerschnitt;
v m³/kg = spez. Dampfvolumen; c m/s = Dampfgeschwindigkeit.

Wendet man nun die Gleichung auf die Austrittsstelle der Düsen an, so findet man den gesamten Querschnitt F, den der Dampf G kg/s beim Verlassen der Düsen vorfinden muß, zu

$$F = \frac{G \cdot v}{c_1} \dots \dots \dots \dots (2)$$

(v = spezifisches Volumen hinter den Düsen.)

Bezeichnet nun fernerhin:

f mm² = Querschnitt einer Düse an der Austrittsstelle;
b_2 mm = Düsenaustrittsbreite (3 bis 12 mm üblich) (Abb. 2 u. 14);
h mm = Düsenhöhe (radial gemessen);
z = Anzahl der vom Dampf durchströmten Düsen;
F mm² = Austrittsquerschnitt aller vom Dampf durchströmten Düsen;
t mm = Düsenteilung; δ = Blechdicke;
D mm = mittlerer Düsenkreisdurchmesser;

$$\varepsilon = \frac{z \cdot t}{D \cdot \pi} \leqq 1 = \text{Beaufschlagung};$$

dann ist aus geometrischen Gründen:

$$f = b_2 \cdot h; \quad F = z \cdot f = z \cdot b_2 \cdot h \quad \ldots \ldots \quad (3)$$

$$z = \frac{\varepsilon \cdot D \cdot \pi}{t} \quad \ldots \ldots \ldots \ldots \quad (4)$$

aus (3) und (4) $F = \varepsilon D \pi h\, b_2/t$ oder

$$h = \frac{F}{\varepsilon\, D\, \pi\, b_2/t} \quad \ldots \ldots \ldots \ldots \quad (5)$$

Der Wert b_2/t hängt praktisch nur von tg α ab; denn theoretisch ist zwar

$$\sin \alpha = \frac{b_2 + \delta}{t} = \frac{b_2}{t} + \frac{\delta}{t} \quad \text{oder} \quad \frac{b_2}{t} = \sin \alpha - \frac{\delta}{t};$$

die Blechdicke δ beträgt stets 2 oder 3 mm; vernachlässigt man daher den geringen Einfluß der variablen Blechdicke, so kann man für jeden Wert tg α den dazugehörigen Wert b_2/t annähernd im voraus festlegen, und zwar zu den in Abb. 19 angegebenen Größen. Dies birgt den Vorteil in sich, daß man bei der Berechnung von Zöllydüsen mit der Annahme von tg α auch zugleich den Wert b_2/t kennt, ohne gezwungen zu sein, die Düse selbst aufzuzeichnen.

Gang der Berechnung einer Zöllydüse. Die Berechnung stützt sich in einfachster Weise auf die Anwendung der beiden Formeln (2) und (5).

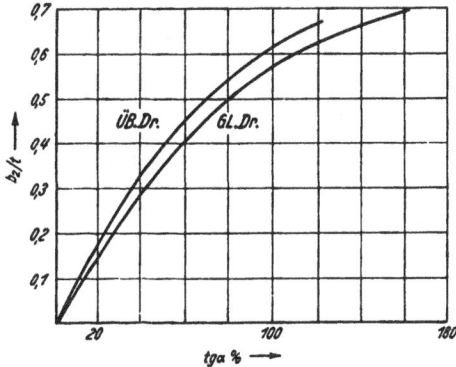

Abb. 19. b_2/t-Werte für Gleich- und Überdruck-schaufeln.

Aus (2) folgt der im ganzen notwendige Düsenaustrittsquerschnitt „F"; die Düsenhöhe „h" berechnen wir mittels Gleichung (5) zunächst immer für volle Beaufschlagung; die wirklich auszuführenden Werte für „h" und „ε" ergeben sich alsdann durch diese Überlegung: Je nach der Düsenbauart darf ein bestimmter Kleinstwert für „h" nicht unterschritten werden; bei gegossenen Düsen ist dies etwa 10 mm (in Ausnahmefällen 7 mm), damit der Kern noch die nötige Widerstandsfähigkeit besitzt; bei gefrästen Düsen liegt dieser zulässige Kleinstwert bei etwa 3 mm mit Rücksicht auf die Festigkeit des Fräsers. Finden wir daher beispielsweise für gegossene Düsen bei $\varepsilon = 1$ eine Höhe $h = 5$ mm, dann ist auszuführen $h = 10$ mm bei $\varepsilon = 0,5$.

g) Berechnung und Konstruktion von erweiterten Düsen (Lavaldüsen).

Nach den Gesetzen der Thermodynamik wird sich am Ende von einfachen Mündungen niemals ein kleinerer Druck einstellen, als der sog. kritische Druck, wenn auch in dem Raum hinter der Mündung ein kleinerer Druck herrschen sollte. Es wäre also in diesem Falle ein Unterschied zwischen dem Druck am Mündungsende und dem Druck in dem unmittelbar an das Mündungsende sich anschließenden Raum. Diese beiden Drücke sind demnach nur dann einander gleich, wenn der Druck hinter der Mündung $\geq$ dem kritischen Druck ist. Für Sattdampf ist z. B. der kritische Druck $p_{krit} = 0{,}577\, p_1$; ($p_1 =$ Druck vor der Mündung), und für Heißdampf ist $p_{krit} = 0{,}545\, p_1$; danach darf man am Ende von einfachen Mündungen niemals eine größere Geschwindigkeit erwarten, als die sog. kritische oder Schallgeschwindigkeit, welche dem jeweiligen Wärmegefälle zwischen p_1 und p_{krit} entspricht; es ist das diejenige Geschwindigkeit, mit der sich der Schall in dem Dampf von dem jeweiligen Zustand fortpflanzen würde. Bei Dampfturbinen will man aber im Falle p_2 (Druck hinter der Mündung) $< p_{krit}$ die zum Gefälle $p_1 - p_2$ gehörende, die Schallgeschwindigkeit des Dampfes übersteigende Geschwindigkeit erreichen. In diesem Fall muß an das Ende der einfachen Mündung noch ein erweiterter Teil angesetzt werden (Lavaldüse Abb. 14), so daß der Dampf von p_{krit} auf p_2 expandieren kann. Demzufolge stellt sich am Ende dieser Lavaldüse die gewünschte Geschwindigkeit $c_1 > c_{krit}$ ein. Man nennt das Verhältnis Endquerschnitt dividiert durch engsten Querschnitt die sog. Düsenerweiterung.

Nach den Lehren der Thermodynamik ergeben sich für Lavaldüsen folgende Gleichungen:

Für Sattdampf:	Für Heißdampf:
(1) $p_{krit} = 0{,}577\, p_1$	$p_{krit} = 0{,}546\, p_1$

(näherungsweise auch für Naßdampf zulässig)

$$(2) \qquad G_{st}/F_{min} = 0{,}72 \sqrt{\frac{p_1}{v_1}} \qquad\qquad G_{st}/F_{min} = 0{,}759 \sqrt{\frac{p_1}{v_1}}$$

(näherungsw. auch f. Naßdampf gültig)

p_1 kg/cm² = Druck vor den Düsen; G_{st} kg/h = Dampfmenge;
F_{min} mm² = von der ganzen Dampfmenge benötigter Düsenquerschnitt
      an den engsten Stellen aller Düsen;
v_1 m³/kg = spezifisches Dampfvolumen vor den Düsen.

Für Sattdampf wie Heißdampf in gleicher Weise gültig ist ferner:

(3) $c_0 = 91{,}5 \sqrt{h_{ad}}$ m/s = theoretische Düsenaustrittsgeschwindigkeit;
$c_1 = \varphi c_0 \sim 0{,}95\, c_0 =$ wirkliche Düsenaustrittsgeschwindigkeit.

Außerdem gilt an der Endstelle der erweiterten Düsen:

$$(4) \qquad\qquad G_{sec}\, v_2 = F_{max} \cdot c_1.$$

G_{sec} kg/s = Dampfmenge; v_2 m³/kg = spezifisches Dampfvolumen hinter den Düsen;

F_{max} m² = Düsenendquerschnitt (von der ganzen Dampfmenge beansprucht).

Gang der Berechnung einer Lavaldüse. Aus Gleichung (2) wird F_{min} ermittelt; aus (3) die Düsenaustrittsgeschwindigkeit c_1 und aus (4) der Endaustrittsquerschnitt F_{max}; nunmehr wird Hand in Hand

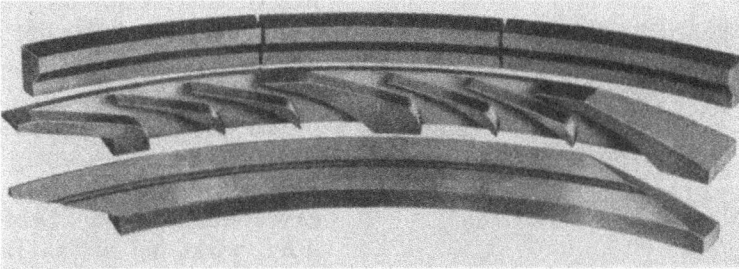

Abb. 20. Düsensegment. Oben: Deckring mit eingefrästen Kanälen; unten: Konischer Ring zur Befestigung der Düsensegmente.

mit der weiteren Berechnung der konstruktive Entwurf durchgeführt, wobei noch diese Annahmen besonders zu beachten sind: tg α in der Gegend von 0,3 so wählen, daß die Teilung konstruktiv nicht zu groß ausfällt; bei sehr großer Erweiterung dieselbe nicht nur auf die Breite, sondern auch auf die Höhe verteilen; die teilweise Verlegung der Aus-

Abb. 21. Gefräste Einzelleitschaufeln.

trittsbreite b_2 in den Spalt findet ihre Erklärung in der Wirkung des Erweiterungsdreieckes und der Strahlablenkung (siehe nächster Abschnitt). Die vorstehende Berechnungsweise, welche der Einfachheit halber für gegossene Düsen durchgeführt wurde, gilt natürlich grundsätzlich auch in derselben Weise für gefräste Düsen und sonstige Ausführungen. Die gegossenen Düsen sind billiger als die gefrästen, haben aber gegenüber denselben den Nachteil, daß man mit der Düsenhöhe nicht so weit herunter gehen kann und infolgedessen teilweise Beaufschlagung ausführen muß; sodann sind sie während der Bearbeitung nicht so leicht zugänglich, haben also weniger glatte Wände und einen weniger guten Düsenkoeffizienten. Bei den gefrästen Düsen von B.B.C. & Cie. (Abb. 20) sind die Kanäle in Segmente aus Spezialstahl oder Gußeisen eingefräst und durch Deckringe geschlossen (Abb. 10). Die gefrästen Düsen der Brünner Maschinen-Fabrik-Gesellschaft sind so gestaltet (Abb. 21/22), daß sich ein eigener Deckring erübrigt; die Düsenteile sind durch Nut und Stifte mit dem Boden verbunden; die A.E.G. wendet für die Verbindung der Frästeile mit dem Boden ein Wasserstoff-Lötverfahren an.

Erweiterungsdreieck und Strahlablenkung bei Zölly- und Lavaldüsen. Das Erweiterungsdreieck (Abb. 14) ABC wirkt bei beiden Düsenarten wie eine Querschnittserweiterung, so daß sich auch in einer Zöllydüse überkritische Geschwindigkeiten erreichen lassen; erfahrungsgemäß können dieselben um etwa 70% und mehr über der kritischen Geschwindigkeit liegen. Aber auch bei Lavaldüsen stellen sich höhere Geschwindigkeiten ein, als der konstruktiven Querschnittserweiterung nach zu erwarten wären; die Expansion im Erweiterungsdreieck

Abb. 22. Inneres eines Turbinenzylinders.

führt zu einer Drucksenkung von p_{krit} im Querschnitt AB auf $p_2 < p_{krit}$ im Querschnitt AC; der Überdruck längs BC gegenüber p_2 führt zu einer Strahlablenkung hinter der Düse, und zwar bei A stärker als bei C; der Dampf nimmt infolge dieser Ablenkung ein größeres Volumen ein; in der Ablenkung kommt also die Querschnittserweiterung zum Ausdruck; ist der Druck hinter der Düse kleiner als p_2, dann findet außer der Expansion im Erweiterungsdreieck auch noch eine solche im Spalt statt; wenn jedoch $p_2 \geq p_{krit}$ ist, dann bleibt natürlich das Erweiterungsdreieck ohne Einfluß. Diese Zusammenhänge behandelt Dr. Zerkowitz[1]) in ausführlicher rechnerischer Weise; insbesondere ist S. 890 gezeigt, wie bei einem bestimmten Druck vor den Düsen und

---

[1]) Z. 1917 S. 869 u. f.; S. 889 u. f.

einem bestimmten Düsenwinkel der Düsenenddruck und der Strahlablenkungswinkel graphisch gefunden werden können; dabei ist vorausgesetzt, daß sich die Expansion um die Ecke A herum oder um einen
außerhalb des Düsenkanals gelegenen Punkt herum vollzieht; dies bedingt die Ausführung der Wand BC nach einer Leitkurve um den
Punkt A im ersten Fall, bzw. eine solche gekrümmte Ausführung der
beiden Düsenwände im zweiten Fall. Hiernach ist z. B. für eine Zöllydüse mit einem Düsenwinkel $a = 20^0$ (tg $a = 36\%$), der mittlere Strahlablenkungswinkel $18,5^0$, $p_2 = 0,26\,p_1$, der wirksame Endquerschnitt
$= 1,31 \cdot F_{krit}$.

In der Praxis hat man diesen Verhältnissen schon seit vielen Jahren
dadurch Rechnung getragen, daß man die wirkliche Erweiterung etwa
20 bis 25% kleiner ausführte als die errechnete theoretische; der Strahlablenkung wurde man dadurch gerecht, daß man den Schaufeleintrittswinkel größer ausführte als die normalen Geschwindigkeitsdreiecke
erforderten. Auch eine näherungsweise Berechnung des Strahlablenkungswinkels hat man in der Praxis etwa wie folgt vorgenommen.
Die Wirkung der Strahlablenkung kommt einer gedachten Düse von
gleicher Teilung wie die ausgeführte, aber mit größerem Austrittswinkel
und demnach mit größerem b_2/t-Wert gleich. Zufolge der Kontinuitätsgleichung ist:

für die ausgeführte Düse
$$G = \frac{D \cdot \pi \cdot h \cdot (b_2/t) \cdot c_{krit}}{v_{krit}}$$
für die gedachte Düse
$$G = \frac{D \cdot \pi \cdot h \cdot (b_2/t)' \cdot c_1}{v_{AC}}$$
$$(b_2/t)' = (b_2/t)\,\frac{c_{krit} \cdot v_{AC}}{v_{krit} \cdot c_1};$$

aus der Abb. 19 kann der zu diesem vergrößerten Wert $(b_2/t)'$ gehörige
vergrößerte Düsenwinkel entnommen werden; die Differenz der beiden
Düsenwinkel entspricht dem Strahlablenkungswinkel. Dr. Baer[1]) hat
dieses Verfahren bereits 1916 gezeigt, indem er dabei den Winkel unmittelbar bestimmte.

Bezüglich des Düsenkoeffizienten sei noch darauf hingewiesen, daß
nach B.B.C. derselbe für nicht erweiterte Düsen besser ist als für erweiterte; er fällt je nach der Erweiterung von etwa 0,97 auf etwa 0,95.

h) Berechnung der Strömungskanäle bei Gleichdrucklaufschaufeln.

Die Berechnung erfolgt ebenfalls an der Austrittsstelle, wie dies
auch bei den Düsen der Fall war. Überhaupt finden auch die auf S. 24
für die Düsen entwickelten Gleichungen (2) und (5) Anwendung, wenn

---

[1]) Z. 1916 S. 645 u. f.

man dabei nur an Stelle von c_1 die relative Austrittsgeschwindigkeit w_2 und an Stelle von h die Schaufellänge l setzt. Damit wird:

(1) . . . . $F = \dfrac{G_{sec} \cdot v}{w_2};$

(v m³/kg = spezifisches Volumen des Dampfes hinter dem Laufkranz.)

(2) . . . . $l = \dfrac{F}{\varepsilon \cdot D \cdot \pi \cdot b_2/t};$

denn auch hier ist $F = z \cdot b_2 \cdot l$, wobei z = Anzahl der vom Dampf durchströmten Schaufeln, so daß mit $\varepsilon = \dfrac{z \cdot t}{D \cdot \pi}$ oder $z = \dfrac{\varepsilon \cdot D \cdot \pi}{t}$ sich tatsächlich obige Gleichung (2) ergibt.

In derselben Weise, in der b_2/t bei den Düsen von deren Austrittswinkel abhing, ist dies auch bei den Schaufeln der Fall, so daß die Abb. 19 in gleicher Weise für Düsen wie für Schaufeln annähernd Gültigkeit besitzt. Bezüglich der Beaufschlagung ε ist zu beachten, daß diese für Düsen und Laufkranz einer Stufe die gleiche ist, und daß dieselbe auf Grund der vorausgegangenen Düsenrechnung somit schon bekannt ist. Das spezifische Dampfvolumen v kann an Hand der im I-S-Diagramm eingezeichneten Zustandslinie ohne weiteres festgestellt werden. Danach ergibt sich folgender Berechnungsgang: Bestimme aus Gleichung (1) den Gesamtquerschnitt „F" der von der gesamten Dampfmenge „G" durchströmten Laufschaufelkanäle und aus Gleichung (2) die Schaufellänge „l"!

i) Entwurf der Laufschaufel- und Füllstückprofile.

Die Kanalbreite b_2 ist von der Eintritts- bis zur Austrittsseite möglichst konstant zu halten. Da jedoch die gekrümmten Profilteile möglichst nur aus Kreisbögen zusammengesetzt werden sollen, so wird es sich oft nicht vermeiden lassen, daß eine gewisse Abnahme dieser Kanalbreite eintritt; dies kann aber durch Zunahme der Schaufellänge von der Eintritts- nach der Austrittsseite ausgeglichen werden (Abb. 3). Für den Krümmungsradius r_1 ist ein großer Wert anzustreben (Abb. 23). Die üblichen Werte für die Kanalaustrittsbreite b_2 liegen etwa zwischen 3 und 15 mm und für die Profil-

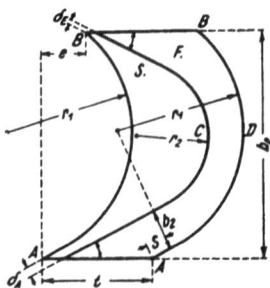

Abb. 23. Gleichdruck-Schaufelprofil.

breiten „b" zwischen 10 und 35 mm. Das Verhältnis Schaufellänge „l" zu Schaufelbreite „b" darf erfahrungsgemäß nicht über 12 bis 14 liegen, da sonst tangentiale Schaufelschwingungen eintreten, die trotz bester Schaufelversteifung zur Zerstörung der Schaufel führen müssen. Für eine günstige Strahlführung empfiehlt es sich, die Teilung „t" $= 0,5 \div 0,6\,b$ zu wählen; die Parallelführung am Austritt $s = 2 : 4$ mm soll dafür sorgen, daß der Austrittsquerschnitt auf eine gewisse Länge auch tatsächlich vorhanden ist. Für die auslaufenden Profilschwänze genügt eine Stärke $\delta = 0,5$ mm. Der Eintrittswinkel β_{ES} ist für stoßfreien Eintritt durch das Geschwindigkeitsdreieck vorgeschrieben, der Austrittswinkel β_A wird $= \beta_{ES}$ gewählt. Unter Beachtung all dieser Gesichtspunkte vollzieht sich der Entwurf eines Profils etwa folgendermaßen: Antragen von β_{ES} und β_A unter Annahme von $e = 5$ mm und für eine angenommene Profilbreite „b"; eine endgültige Kontrolle dieser letzteren bringt die Festigkeitsberechnung der Schaufel; weiteres Antragen von $s = 3$ mm, Aufsuchen des Mittelpunktes für r_1 auf der Normalen, schließliches Ermitteln von r_2 durch Probieren derart, daß die am Austritt bereits festgelegte Kanalbreite b_2 von der Ein- nach der Austrittsseite hin möglichst konstant bleibt. Es sei an dieser Stelle noch darauf hingewiesen, daß bei Schaufeln wie bei Düsen der Austrittsquerschnitt vergrößert werden kann, ohne daß Austrittslänge, Schaufelzahl oder Teilung vergrößert zu werden brauchen, wenn nur der Austrittswinkel größer gewählt wird. Man kann also durch Verkleinern oder Vergrößern des Düsen- oder Schaufelaustrittswinkels bei unveränderter Schaufelteilung die Düsenhöhe oder die Schaufellänge vergrößern oder verkleinern, ohne dabei den gesamten Kanalquerschnitt zu verändern.

k) Schaufelstöße. (Abb. 24, 25, 26.)

Stoßfreier Eintritt. Wird der Schaufelwinkel $\beta_{ES} = \beta_{EG}$ ausgeführt, dann treten an der Eintrittsstelle in den Laufschaufelkranz keine Stoßverluste auf.

Rückenstoß. Ist dagegen $\beta_{ES} < \beta_{EG}$, dann tritt ein sog. Rückenstoß auf, der wegen seiner Wirbelbildung unzulässig ist.

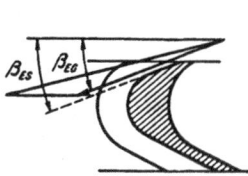 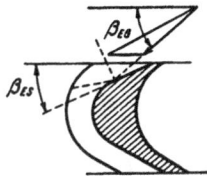 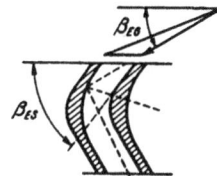

Abb. 24.   Abb. 25.   Abb. 26.

Dampfeintrittsstöße.

Bruststoß. Ist aber $\beta_{ES} > \beta_{EG}$, so tritt zwar auch ein Stoß, der sog. Bruststoß, auf, der aber in gewissen Grenzen zulässig ist, weil dann der Dampfstrahl an der Schaufelwand so abgelenkt wird, daß er ohne Wirbelbildung durch den Schaufelkanal strömt.

l) Schaufeln.

I. Beanspruchung. Die Schaufeln müssen den verschiedensten mechanischen und chemischen Einflüssen gewachsen sein. Der Umlenkungsdruck beansprucht jede Schaufel auf Biegung und die eigene Fliehkraft übt eine Zugbelastung aus. (Festigkeitsberechnung später.) Nicht zuletzt ist die Gefahr von Schwingungen zu erwähnen; dadurch, daß die Schaufeln an den Blindstegen der Düsen vorbeieilen müssen, ergibt sich an diesen Stellen bei jeder Umdrehung eine periodische Kraft, die bekanntlich dann zu Schaufelschwingungen führt, wenn ihr Impuls mit der Eigenschwingungszahl der Schaufeln zusammenfällt (Resonanz); durch entsprechende Dimensionierung der Schaufeln muß man dafür sorgen, daß Impulszahl und Eigenschwingungszahl möglichst weit auseinander liegen. (Näheres hierüber später.) Schließlich können Schaufelzerstörungen auch noch durch Wasser, Schlamm und Säuren erfolgen. Das Wasser wird selbst in kleinen Mengen schon dann gefährlich, wenn die Zustandslinie bereits unterhalb der Grenzlinie verläuft, d. h. wenn es sich um Naßdampf handelt; denn die kleinen Wasserteilchen, welche viel schwerer sind als der Dampf, werden gegenüber dem Dampf eine kleinere Geschwindigkeit haben, so daß sie gegen die Schaufelrückenwände geschleudert werden und schließlich deren Zerstörung bewerkstelligen. Noch unmittelbarer sind die Schaufeln durch Wasserschläge bedroht, die durch das Überkochen der Kessel eintreten können. Wirkt Wasser bzw. Feuchtigkeit in Verbindung mit Luftsauerstoff auf die Schaufeln ein, wie dies namentlich bei stillstehender Maschine und undichten Ventilen durch Sickerdampf der Fall ist, dann ist die Gefahr des Verrostens gegeben. Die überkochenden Kessel können neben Wasser auch Schlamm in die Maschinen schleudern; der Schlamm wird bei hoher Temperatur besonders als hart gebrannter Schlamm den Schaufeln gefährlich; neben der mechanischen Beanspruchung durch den Schlamm ist noch auf die Verstopfung der Kanäle durch den Schlamm hinzuweisen; dadurch ergibt sich eine Druckstauung, was wiederum zu einer Erhöhung des Achsialschubes und Überlastung der Drucklager führt. Nach dem Vorschlag von Lasche soll daher zwischen Kessel und Überhitzer ein Schlamm- und Wasserabscheider eingebaut werden; B.B.C. sieht außerdem bei Grenzleistungsturbinen Entwässerungskanäle vor, welche das sich ausscheidende Wasser außerhalb der Beschaufelung ableiten und dem Kondensator zuführen.

II. Konstruktion und Herstellung. Für eine gute Befestigung von Schaufeln und Füllstücken wählt man bestimmte Fußformen, und zur guten Versteifung der Schaufeln dienen Deckbleche oder Bindedrähte. Für schwach beanspruchte Laufschaufeln und feststehende Leitschaufeln sind als Fußformen üblich: Quadratische Nut mit seitlicher Nase (Abb. 27); einseitige oder symmetrische Gegenschwalben-

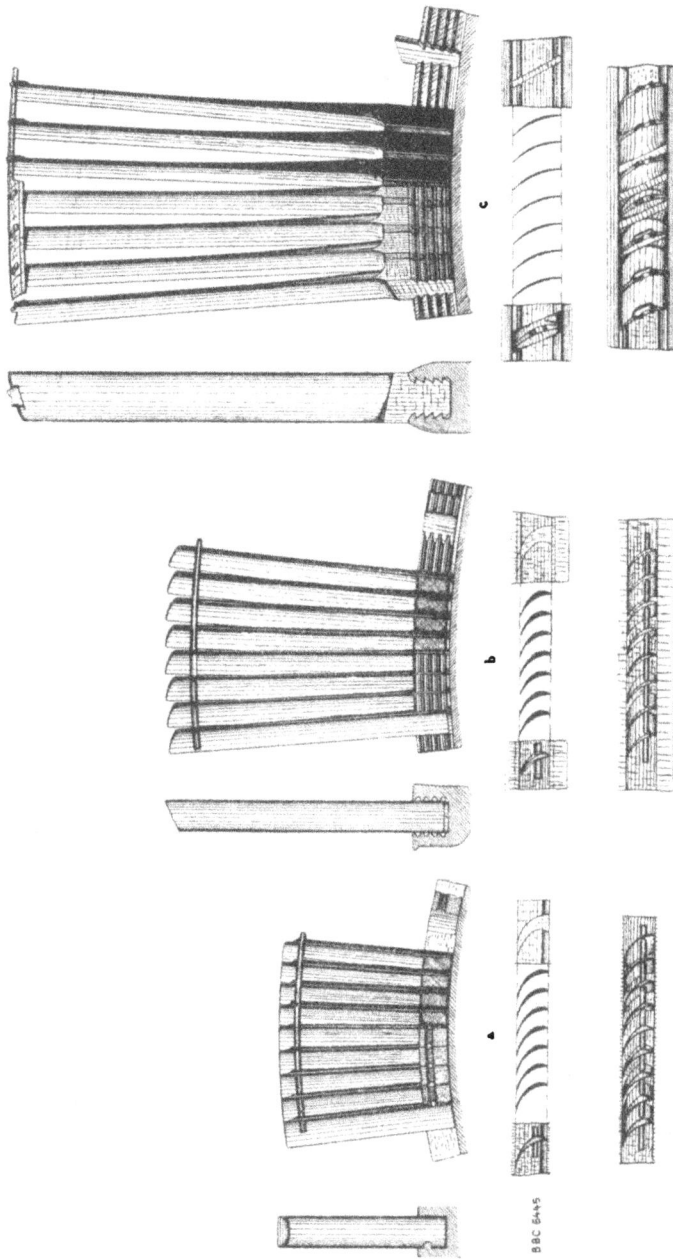

Abb. 27. Die Ausführung der Laufschaufeln und ihre Befestigung erfolgt nach drei Hauptarten: a = Ausführung der schwach beanspruchten Laufschaufeln und feststehenden Schaufeln. b = Normale Ausführung der Laufschaufeln (siehe auch Abb. 28). c = Ausführung der sehr hohen Fliehkräften ausgesetzten Laufschaufeln (B. B. C.).

schwanznut; bei letzterer wird der gefährliche Querschnitt weniger
geschwächt wie bei ersterer; schließlich ist noch der Hammerkopf
zu erwähnen; für größere Beanspruchungen dient der Fuß mit mehr-
facher Trapezform. B.B.C. verwendet bei normaler Ausführung die
sog. T-Schaufeln (Abb. 27/28); bei diesen wird vor allem das Verstem-
men vermieden; außerdem überträgt der unten an der Schaufel ange-
stauchte T-Fuß die Fliehkraft völlig auf die Füllstücke, und zwar in
vollständig gleichmäßiger Weise, weil der Fuß vor und hinter der Schaufel
übersteht; die Füllstücke selbst werden durch die seitlichen Rillen in
der Scheibe bzw. in der Trommel gehalten; bei starken Beanspruchungen
wird die Schaufel durch Fräsarbeit nach oben hin verjüngt, und zwar
entweder nur in der Dicke oder zugleich auch in der Breite. Bei größten
Beanspruchungen wird die Schaufel mitsamt dem Füllstück aus dem
Vollen herausgefräst (Abb. 27).

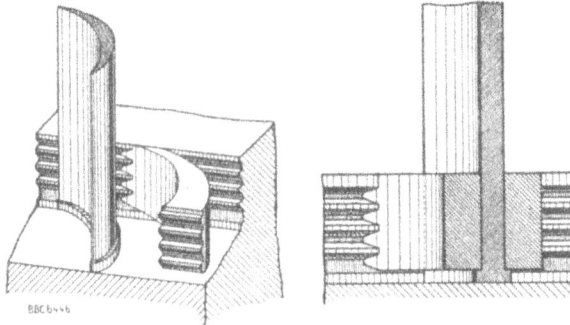

Abb. 28. Normale Befestigung der Laufschaufeln, welche nur durch die
Zwischenstücke gehalten werden und daher keine Querschnittschwächungen
aufweisen (B. B. C.).

Die Deckbleche dienen außer zur Versteifung noch diesen verschiedenen Zwecken: 1. Zur Führung des Dampfes bei Gleichdruckstufen.
2. Ein Überstehen der Deckbleche in achsialer Richtung verhindert bei
zu großer Wärmedehnung ein Anstreifen der Schaufeln. 3. Neuerdings
nützt man diese achsial überstehenden Bandagen auch zugleich zur Abdichtung der Spalträume aus. 4. B.B.C. erreicht mittels der Deckbleche bei Überdruckstufen durch seine patentierte Spaltüberbrückung
eine Verminderung der Druckunterschiede zwischen den einzelnen
Beschaufelungsstufen und damit eine Verminderung der sog. Spaltverluste (Abb. 29). Hiernach wird die Eintrittshöhe einer Schaufel
um ein bestimmtes Maß größer als die Austrittshöhe der vorhergehenden
Schaufel gewählt. Zugleich wird durch besondere Bemessung dieser
Querschnitte zwischen Leit- und Laufschaufel eine Strahlwirkung,
dagegen zwischen Lauf- und Leitschaufel eine Stauung bewirkt, so daß
im Spalt der Laufschaufelkränze der Druckunterschied überbrückt
wird; damit kann ein sicherer und großer Radialspalt ausgeführt wer-

den; am Umfang der Leitschaufel wird die an der Stauseite austretende Dampfmenge auf der andern Seite durch die Strahl- oder Saugwirkung wieder in die Leitschaufel hineingezogen.

Die Bindedrähte aus Bimetall (Stahldraht mit Kupferüberzug) werden zur Versteifung längerer Schaufeln mit jeder einzelnen Schaufel mittels Silberlot verlötet. Am Umfang müssen einige Stoßfugen mit einem gewissen Spiel wegen der Wärmedehnung vorgesehen werden.

Als Herstellverfahren kommen in Frage: Für die sog. Stockschaufeln mit veränderlicher Schaufeldicke das Walzen und Kaltziehen für Bronze und Messing, das Schmieden im Gesenk und Fräsen für Stahl- und Nickellegierungen. Für die Blechschaufel aus Blech von unveränderlicher Dicke das Pressen und Fertigschneiden.

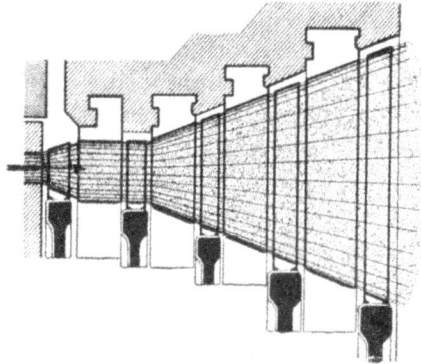

Abb. 29. Darstellung der Spaltüberbrückung.

III. Baustoff. Der Baustoffrage gilt heute vor allem auch wegen der üblichen hohen Dampftemperaturen erhöhtes Interesse.

Messing und Bronze. (Etwa 30% Zn + 70% Cu.) Bei niedrigen Beanspruchungen (bis etwa 500 kg/cm²) und niedrigen Temperaturen (kleiner 200⁰) ist es sehr brauchbar, weil es gegen Rost und Säuren widerstandsfähig ist. Wird das Material nach dem Walzen im kalten Zustand gezogen, so ergibt sich die nötige Festigkeit (40 kg/mm²) und die harte Oberfläche, welche die Schaufel vor Abnützung durch den Dampfstrahl schützt.

Nickel-Messing. Es ist auch nur für Temperaturen unter 200⁰ brauchbar; dagegen besitzt es eine größere Festigkeit (brauchbar bis 1000 kg/cm²); da es aber beim Walzen und Ziehen im kalten Zustand zu Reckspannungen und damit zu Oberflächenrissen neigt, spielt es keine große Rolle.

Nickelstahl. Auf keinen Fall darf Nickelstahl mit mehr als 5% Ni Verwendung finden; denn es hat sich gezeigt, daß bei über 5% Ni-Gehalt die Schaufeln nach kurzer Betriebszeit mürbe wurden und zwischen den Fingern zerrieben werden konnten. Diese merkwürdige Erscheinung ist auch heute noch nicht völlig aufgeklärt. Im übrigen neigt Nickelstahl in gleicher Weise wie Nickelmessing zu Reckspannungen und Oberflächenrissen. Nickelstahl mit weniger als 5% Ni findet im Hochdruckteil Verwendung, weil er auch noch bei hoher Temperatur eine große Zerreißfestigkeit aufweist. Neuerdings aber nimmt man im Hochdruckteil lieber nichtrostenden Stahl wegen seiner größeren Festigkeit; auch im Niederdruckteil wird er gern verwendet, da er gegen nassen Dampf verhältnismäßig widerstandsfähig ist.

Monelmetall (60% Ni, 40% Cu) wird in Amerika als natürliche Nickelkupferlegierung bergmännisch gewonnen und hat seinen Namen von seinem Entdecker „Monel". Die synthetische Herstellung ist bis heute noch nicht vollkommen gelungen. Die Legierung widersteht mechanischen, chemischen und starken Wärmeeinflüssen in gleich guter Weise. Die Bruchfestigkeit ist nach Stodola und Lasche bei 20° je nach Cu-Gehalt 40 bis 62 kg/mm² bei 40% Dehnung und 25 kg/mm² Streckgrenze, bei 400° noch 52 bis 53 kg/mm² bei 17 kg pro mm² Streckgrenze.

Chromstähle. Sie sind rostsicher und haben eine große Kerbzähigkeit, halten also unberechenbare Stöße am besten aus.

IV. Baustoffprüfungen. Baustoffe, die einer besonders hohen Beanspruchung ausgesetzt sind, müssen auch gegen häufig sich wiederholende Schläge widerstandsfähig sein; sie müssen also neben hoher Dehnung, Zerreißfestigkeit und Streckgrenze auch eine hohe Kerbzähigkeit aufweisen. Bisher neigte man zu der Ansicht, daß durch häufige Wiederholung von schlagartigen Kräften eine Ermüdung des Materials eintritt, d. h. ein Nachlassen der Festigkeit. Dabei glaubte man, daß diese Ermüdung um so weniger leicht eintritt, je näher die Streck- und die Zerreißgrenze beieinander liegen; heute aber nimmt man an, daß in solchen Ermüdungsfällen eine dauernde Beanspruchung über die Elastizitätsgrenze hinaus stattgefunden haben muß. Die größten Anforderungen an die Elastizität und Zähigkeit eines Materials werden dann gestellt, wenn auf einen mit einem Einschnitt oder einer Kerbe versehenen Bauteil häufige schlagartige Kräfte einwirken. Außer den chemischen Untersuchungsergebnissen dienen daher zur völligen Beurteilung der Baustoffe noch folgende physikalischen und metallographischen Verfahren:

1. Hin- und Herbiegeproben und Kerbschlagproben zur Feststellung der Zähigkeit uud Kerbzähigkeit.

2. Zerreißprobe zur Bestimmung von Dehnung, Streckgrenze und Zerreißfestigkeit.

3. Verwindeprobe zur Auffindung etwaiger Schieferbildung des Materials.

4. Blasversuch. Der zu prüfende Profilstab wird durch Dampf von hoher Geschwindigkeit und Überhitzung mehrere Tage lang angeblasen. Alsdann bestimmt man die Abnützung gewichtsmäßig und stellt etwaige Gefügeänderungen durch metallographische Untersuchung der Schliffe fest.

m) Vollständige Berechnung einer Gleichdruckstufe.
(Herausgegriffen aus einer vielstufigen Maschine.)

Die nachstehende Berechnung ist nichts weiter als die Zusammenfassung all der bisher behandelten, einzelnen rechnerischen Grundlagen. Dabei ist die der Maschine vom Kessel her zuströmende Dampfmenge $G_{st} = 11850$ kg/h auf Grund einer Überschlagsrechnung angenommen; von dieser Dampfmenge ist der Hochdruck-Außenstopfbüchsenverlust sowie der Zwischenstopfbüchsenverlust abgezogen, damit man die wirkliche Arbeitsdampfmenge G erhält. Die näherungsweise Berechnung der Zwischenstopfbüchsen-Dampfmenge beruht auf folgenden Annahmen: Wenn wir am Austritt der Zwischenstopfbüchse dasselbe Dampfvolumen und dieselbe Dampfgeschwindigkeit annehmen wie am Austritt aus den Düsen, dann gilt wegen

$$G'_{sec} \cdot v = F'_{Düsen} \cdot c_1 \text{ und } G_{Zw\,Sto} \cdot v = F_{Zw\,Sto} \cdot c_1 \text{ auch}$$

$$G_{Zw\,Sto} : G'_{sec} = F_{Zw\,Sto} : F'_{Düsen},$$

d. h. die Dampfmengen verhalten sich wie die Kanalquerschnitte. Die kleine Düsenaustrittgeschwindigkeit c_1 und demzufolge das entsprechend kleine Wärmegefälle $h_{ad\,Stufe}$ wurden mit Rücksicht auf die neueren Bestrebungen im Dampfturbinenbau in dieser Größe gewählt.

Tabelle I.

Druck vor den Düsen . . . . ata 12	Außenstopfbüchsenverlust . . kg/h 600
Temperatur vor den Düsen . . °C 250	G'_{sec} abzüglich Außenstopfbüchsenver-
$h_{ad\,Stufe}$ . . . . kcal 4	lust . . . . kg/s 3,125
c_0 . . . . m/s 192	$F'_{Düs} = \dfrac{G' \cdot v}{c_1} 10^6$ . . . . . . mm² 3400
c_0/u angenommen 2,38	
$u = (u/c_0) \cdot c_0$ . . . . = m/s 80,6	Zwischen- $\begin{cases} d \text{ angenommen . mm 100} \\ s \text{ Radialsp. . . . mm 0,1} \\ F_{Zw\,Sto} = d\,\pi\,s \text{ . . mm² 31,4} \\ (F_{Zw}/F'_{Dü})\,100 \text{ . . . °/₀ 0,92} \end{cases}$
n . . . . U/min 3000	stopf-
D mittl. Düsenkr.-ϕ . . . . . mm 514	büchsen-
tg α angenommen . . . . . . °/₀ 25	verlust
η_i aus Kurven 0,795	G'' abzügl. Außen- $+$ Zwischenstopf-
$h_i = \eta_i \cdot h_{ad}$ . . . . kcal 3,18	büchsen-Verlust . . . kg/s 3,09
p Druck hinter den Düsen oder Druck in	$F_{Dü} = \dfrac{G''_{sec} \cdot v}{c_1} 10^6$ . . . . . mm² 3360
d. Stufe aus JS-Diagramm ata 11,16	
x spez. Dampfgeh. b. Naßdampf bzw. —	b_2/t bei tg $\alpha = 0,25$ 0,2
t Temperatur hinter d. Düsen bei Heiß-	h (bei $\varepsilon = 1$) . . . . mm 10,4
dampf . . . . °C 240,5	h ausgeführt . . . . mm 10,4
v hinter den Düsen . . . . m³/kg 0,2	bei ε ausgeführt 1
$c_1 = 0,96\,c_0$ . . . . m/s 184	$N_i = \dfrac{G''_{sec} \cdot h_i}{632} 3600$ . . . . PS$_i$ 40,4
G_{st} Dampfmenge aus Überschlags-	
rechnung . . . . . . kg/h 11850	

5. Wirkungsweise und Beschreibung der Überdruckturbine.

Bei diesen ist nicht nur der Druck hinter den Düsen kleiner als der Druck vor den Düsen, sondern es ist auch der Druck hinter dem Laufkranz kleiner als der Druck vor demselben. Die hierzu nötige Querschnittsabnahme der Laufschaufelkanäle nach der Austrittsseite zu wird durch Schaufel- und Füllstückprofile nach Art der Abb. 2 erreicht. (Beschreibung der Profilkonstruktion später.) Die Leitschaufeln werden im Gehäuse befestigt und die Laufschaufeln je nach Durchmesser- und Festigkeitsverhältnissen in der verdickten Welle, in der Hohltrommel oder in Scheiben. Bei der Überdruckstufe wird der feststehende Düsenkranz konstruktiv genau so durchgebildet wie der Laufkranz; es können somit auch die gleichen Schaufel- und Füllstückprofile für Düsen- wie für Laufkranz verwendet werden. Mitunter verwendet man die gleichen Profile auch für die Leitkränze der Gleichdruckstufen. Die gesamte im Leit- und Laufschaufelkranz erzeugte Strömungsenergie wird durch Umlenkung des Dampfstrahls in den Laufschaufeln an diese abgegeben und damit in mechanische Energie verwandelt. Wegen des Druckunterschiedes vor und hinter dem Laufkranz muß die Beaufschlagung immer voll sein. Dies führt bei kleinen Dampfvoluminas zu besonders kleinen Schaufellängen; bei sehr kleinen Dampfvoluminas oder, was dasselbe ist, bei sehr hohen Drücken würde die Schaufellänge so klein ausfallen, daß die Überdruckturbine überhaupt nicht mehr ausgeführt werden könnte; auch würden in diesem Fall die Spaltverluste zu groß ausfallen; aus diesem Grunde schaltet man im Hochdruckgebiet einige oder mehrere Gleichdruckstufen vor. Im Gegensatz zu den thermodynamischen Verhältnissen im Hochdruckgebiet ergeben sich im Niederdruckgebiet, und zwar vor allem im Vakuumgebiet auch bei Überdruckstufen besonders große Schaufellängen; in solchen Fällen muß man dann aus Festigkeitsgründen von der Trommelausführung zur Scheibenkonstruktion übergehen. Außerdem kann man hier ohne Beeinträchtigung des Wirkungsgrades die Schaufellänge dadurch herabdrücken, daß man gegen das Turbinenende zu eine oder mehrere Stufen als Zwillingsstufe ausführt, d. h. für eine zweiflutige Arbeitsweise des Dampfes sorgt. Man erzielt dann trotz kleiner Schaufellänge einen großen Kanalquerschnitt und damit eine kleine Austrittsgeschwindigkeit, so daß auch der Austrittsverlust dadurch ein kleiner wird. Infolge des Druckunterschiedes vor und hinter den Laufkränzen wirkt auf den Rotor ein achsialer Dampfschub, der zum Teil durch den Ausgleichkolben (Dummy) ausgeglichen, oder auch ganz von neuzeitlichen Drucklagern aufgenommen wird. (Einscheibendrucklager von Michel.)

6. Rechnerische Grundlagen für Überdruckturbinen.

a) Achsialschub bei Überdruckturbinen.

Der bereits oben erwähnte, bei Überdruckturbinen auftretende Achsialschub kann bisweilen gegen einen sekundären Achsialschub teilweise ausgeglichen werden. Dies ist z. B. der Fall bei einer mehrgehäusigen Turbine; man wird die einzelnen Gehäuse dann so anordnen, daß die Maschinen in entgegengesetzter Richtung vom Dampf durchflutet werden. Die Frage, ob bei eingehäusiger Bauart ein Ausgleichkolben nötig

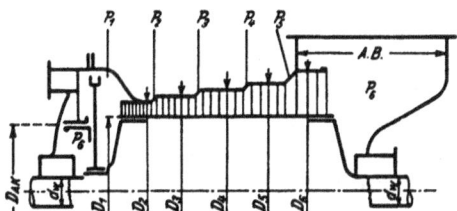

Abb. 30. Trommelturbine mit Ausgleichkolben.

ist, kann oft nur auf Grund einer rechnerischen Untersuchung beantwortet werden. Nachstehend soll die rechnerische Ermittlung des Achsialschubs an Hand der Abb. 30 gezeigt werden.

Tabelle II.

Gruppe	ϕ cm	Gesamte Druckfläche in cm²	Spezifischer Differenzpunkt kg/cm²	Dampfschub kg
1)	D_1/D_2	$F_1 = \dfrac{\pi}{4}(D_2{}^2 - D_1{}^2)$	$p_\mathrm{I} = \dfrac{1}{2}(p_1 - p_2)$	$p_\mathrm{I} \cdot F_1$
2)	D_1/D_3	$F_2 = \dfrac{\pi}{4}(D_3{}^2 - D_1{}^2)$	$p_\mathrm{II} = \dfrac{1}{2}(p_2 - p_3)$	$p_\mathrm{II} \cdot F_2$
3)	D_1/D_4	$F_3 = \dfrac{\pi}{4}(D_4{}^2 - D_1{}^2)$	$p_\mathrm{III} = \dfrac{1}{2}(p_3 - p_4)$	$p_\mathrm{III} \cdot F_3$
4) usw.	D_1/D_5	$F_4 = \dfrac{\pi}{4}(D_5{}^2 - D_1{}^2)$	$p_\mathrm{IV} = \dfrac{1}{2}(p_4 - p_5)$	$p_\mathrm{IV} \cdot F_4$

Schaufelschub $S_1 = p_\mathrm{I} F_1 + p_\mathrm{II} F_2 + p_\mathrm{III} F_3 + p_\mathrm{IV} F_4$ usw.

Trommelschub $S_2 = (D_{AK}{}^2 - d_w{}^2)\dfrac{\pi}{4} p_6 + (D_1{}^2 - D_{AK}{}^2)\dfrac{\pi}{4} p_1 - (D_1{}^2 - d_w{}^2)\dfrac{\pi}{4} p_6.$

Gesamter Achsialschub der Turbine $S = S_1 + S_2.$

b) Spaltverluste.

Bei den Überdruckturbinen treten an die Stelle der von der Gleichdruckturbine her bekannten Zwischenstopfbüchsenverluste die sog Spaltverluste; sie treten sowohl am Umfang des Leitschaufelkranzes wie auch des Laufschaufelkranzes auf. Um nun in einfacher Weise einen brauchbaren Mittelwert zwischen dem Spaltverlust des Leit- und Laufschaufelkranzes zu finden, rechnen wir für beide Flächen mit dem mittleren Düsenkreisdurchmesser „D" als dem Mittelwert zwischen den

wirklichen Durchmessern D_a und D_i; es wird somit mittlere Radial-
spaltfläche $= D \cdot \pi \cdot s \, 10^{-6} \, \text{m}^2$ mit s mm = Radialspalt. Beachten
wir ferner: Leitschaufelaustrittsquerschnitt $F = \dfrac{G \cdot v}{c_1}$ ($=$ Laufschaufelaustrittsquerschnitt $\dfrac{G \cdot v}{w_2}$), und nehmen wir wie bei der Zwischenstopf-
büchsenverlustberechnung an, daß der Dampf aus den Spaltflächen mit
derselben Geschwindigkeit herauskommt, wie aus den Schaufelkanälen,
so ist der Verlust auch hier gleich dem Verhältnis der Flächen, und
zwar aus denselben Gründen wie oben; jedenfalls ist der prozentuale
Spaltverlust ($F_{\text{Spalt}}/F_{\text{Kranz}}$) 100% von der gesamten Stufenleistung zu
nehmen, da der Verlust im Leit- und Laufkranz, also in der gesamten
Stufe auftritt. Es ist $F_{\text{Spalt}} = D \cdot \pi \cdot s \, 10^{-6} \, \text{m}^2$.

Für mittlere Schaufellängen gilt:

D mm	500	1000	1500	2000	2500	3000	3500	4000
s mm	0,5	1,4	2	2,7	3,4	4	4,7	5,4[1])

Abweichungen hiervon $\pm$ 30% für größte und kleinste Schaufellängen.

Bedeutet ferner:

$a =$ Achsialspalt,

$b =$ Schaufelprofilbreite, so kann gesetzt werden:

$a = 0,3$ bis $0,6 \, b$.

c) Wirkungsgradkurven für Überdruckstufen.

Die allgemeinste Gleichung heißt Wirkungsgrad $= \dfrac{\text{Gewinn}}{\text{Aufwand}}$.

Der Gewinn beträgt genau wie bei der Gleichdruckstufe

$$L_i = \frac{u}{g} (c_{1u} + c_{2u}) \frac{1}{427} \, \text{kcal};$$

denn die Komponente $c_{1u} + c_{2u}$ ist grundsätzlich nicht davon abhängig,
ob die Dreiecke durch Gleichdruckwirkung oder Überdruckwirkung
zustandekommen. Bei der Bestimmung des Aufwandes wollen wir nun
im Gegensatz zur Gleichdruckstufe annehmen, daß die Austrittsenergie
ganz oder teilweise in der darauffolgenden Stufe wieder ausgenützt
wird; diese Annahme entspricht der Wirklichkeit (auch bei Gleichdruckstufen), gestaltet aber die Aufstellung einer Funktion für den Wirkungsgrad am Radumfang etwas schwieriger. Nehmen wir nun an, daß die
gesamte Austrittsenergie $c_2^2/2g$ einer Stufe in der darauffolgenden ausgenutzt wird. Wir müssen in dem Leitkranz eine Geschwindigkeit
c_0 m/s erzeugen, wozu eine Energie von $c_0^2/2g$ kcal gehört; dies wäre
der Aufwand, wenn von der vorhergehenden Stufe keine Energie zur

---

[1]) Die Zahlen sind ihrem Absolutwert nach reichlich groß gewählt.

Verfügung stünde; tatsächlich aber ist von dorther $\dfrac{1}{427} \cdot \dfrac{c_2{}^2}{2\,g}$ kcal verfügbar, so daß sich ergibt:

a) **Aufwand für den Leitkranz**

$$L_{01} = \left(\frac{c_0{}^2}{2\,g} - \frac{c_2{}^2}{2\,g} \right) \frac{1}{427} \text{ kcal.}$$

Wir haben jetzt noch den Aufwand für den Laufkranz zu bestimmen! Ein Blick auf die Geschwindigkeitsdreiecke lehrt uns, daß am Ende des Laufkranzes die relative Geschwindigkeit $\dfrac{1}{\psi}\,w_2$ erzeugt sein muß; hierzu wird eine Energie $\dfrac{1}{427} \cdot \dfrac{1}{\psi} \cdot \dfrac{w_2{}^2}{2\,g}$ kcal benötigt; da aber der Dampf bereits vom Leitkranz her eine gewisse Energie mitbringt und demzufolge schon beim Eintritt in den rotierenden Laufschaufelkanal die Relativgeschwindigkeit w_1 an sich hat, somit auch schon über die Energie $\dfrac{w_1{}^2}{2\,g}$ verfügt, so beträgt der Aufwand im Laufkranz nur noch die Differenz dieser beiden Energiemengen, so daß sich ergibt:

b) **Aufwand für den Laufkranz**

$$L_{02} = \left(\frac{\left(\dfrac{1}{\psi} \cdot w_2 \right)^2}{2\,g} - \frac{w_1{}^2}{2\,g} \right) \frac{1}{427} \text{ kcal.}$$

Die Summe aus $L_{01} + L_{02}$ müssen wir jeder Stufe von außen her zur Verfügung stellen, und zwar in der Form des sog. adiabatischen Gefälles.

Gewöhnlich wird nun mit sog. **halben Reaktionsgrad** gearbeitet, d. h. $L_{01} = L_{02} = \dfrac{1}{2}\,h_{\mathrm{ad}}$; für die Schaufeln des Leit- und Laufkranzes führt man meist gleiche Schaufelaustrittswinkel aus. Unter diesen Voraussetzungen würden sich bei konstantem Volumen hinter dem Leit- und Laufkranz einer Stufe (nur nähe-

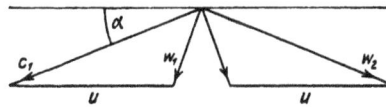

Abb. 31.

rungsweise richtig) und bei gleichbleibender Schaufellänge für Leit- und Laufkranz einer Stufe zufolge der Kontinuitätsgleichung $G \cdot v = F \cdot w$ auch gleiche Geschwindigkeiten c_1 und w_2 am Leitkranz- bzw. am Laufkranzaustritt ergeben, und damit auch kongruente Geschwindigkeitsdreiecke (Abb. 31). Für diese letzteren nun wird die Funktion $\eta_i = $ Gewinn : Aufwand besonders einfach, wie im nächsten Abschnitt gezeigt wird. In Wirklichkeit wächst natürlich das Volumen von Leitkranz zu Laufkranz, wenn auch nicht sehr stark, so daß wegen $G/F = c/v = $ konstant auch c wachsen muß; es ist daher der Reaktionsgrad nur angenähert $= \frac{1}{2}$. Diese tatsächlichen Verhältnisse finden in der sog. Detail-rechnung mittels der Vauquadratmethode Berücksichtigung.

Entwicklung der Funktion η_i am Radumfang unter der Voraussetzung kongruenter Geschwindigkeitsdreiecke für den Leit- und Laufkranz. Wegen $L_{01} = L_{02}$ kann man schreiben:

$$h_{ad} = 2 \cdot \left(\frac{c_0^2}{2g} - \frac{c_2^2}{2g} \right) = \frac{c_0^2 - c_2^2}{g};$$

Für kongruente Dreiecke (vgl. Geschwindigkeitsdreiecke) ist $c_2 = w_1$ und daher auch $c_{2u} = w_{1u}$, so daß an die Stelle obiger Gleichung für die Energie L_i die Beziehung tritt:

$$L_i = \frac{u}{g}(c_{1u} + w_{1u}) = \frac{u}{g}\left(\psi\, c_0 \cos\alpha + (\psi\, c_0 \cos\alpha - u) \right) =$$

$$= 2 \cdot \frac{u}{g}\left(\psi\, c_0 \cos - \frac{u^2}{g} \right);$$

durch Einsetzen in die Gleichung $\eta_i = \frac{h_i}{h_{ad}}$ folgt:

$$\eta_i = \frac{2\,\psi \cos\alpha - \dfrac{u}{c_0}}{\dfrac{c_0}{u} - \dfrac{2\,\psi\, c_0}{u} + 2\,\psi \cos\alpha - \dfrac{u}{c_0}}.$$

Diese Funktion ist für verschiedene Winkel α in Abb. 32 dargestellt.

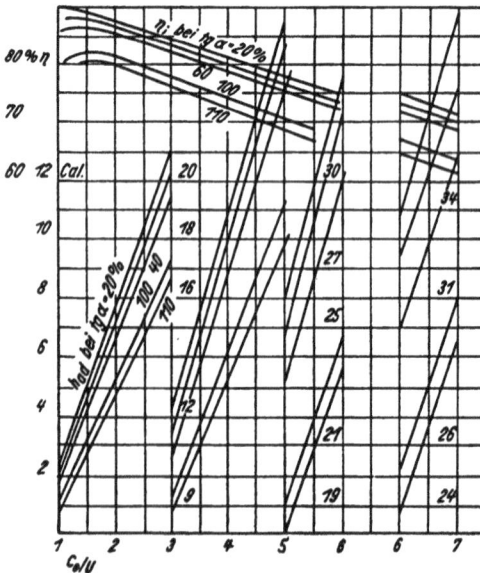

Außer η_i ist, wie die Abb. zeigt, auch das Stufengefälle h_{ad} in Abhängigkeit von c_0/u dargestellt, und zwar aus folgendem Grunde: Bei der Projektrechnung muß man aus einem angenommenen oder gegebenen c_0-Wert bzw. c_0/u-Wert das Stufengefälle bestimmen, um schließlich aus dem letzteren und dem Gesamtgefälle die Stufenzahl zu finden. Die jedesmalige Berechnung des Gefälles aus der Geschwindigkeit c_0 wäre aber zu zeitraubend. Bei der graphischen Darstellung von h_{ad} in Abhängigkeit von c_0/u muß zufolge obiger Gleichung $h_{ad} = c_0^2/g - c_2^2/g$ ein bestimmter

Abb. 32. Wirkungsgrad η_i für Überdruckstufen.

Wert für die Dampfgeschwindigkeit und damit auch für die Umfangsgeschwindigkeit zugrunde gelegt werden. Wir wählten in Abb. 32 für
die Umfangsgeschwindigkeit den beliebigen Wert $u_{100} = 100$ m/s; bei
irgendeiner Maschine wird nun aber die Umfangsgeschwindigkeit „u"
irgendeinen, von 100 m/s abweichenden Wert aufweisen. Um aber
trotzdem die Kurvenwerte benutzen zu können, müssen die adiabatischen Stufengefälle einer Maschine von u m/s auf u_{100} m/s reduziert
werden. Dabei ist zu beachten, daß obigen Funktionen zufolge die
Gefälle direkt proportional dem Quadrate der Umfangsgeschwindig-
keiten sind; denn wenn man in $L_i = h_i = u/g \cdot (c_{1u} - c_{2u}) \cdot 1/427$ das
c_{1u} und c_{2u} durch „u" ausdrückt, so wird daraus die Funktion
$L_i = f(u^2)$; bezeichnet also:

h_{ad} = adiabatisches Gefälle einer Maschine von der beliebigen Umfangsgeschwindigkeit u m/s;

$h_{ad\,100}$ = adiabatisches Gefälle einer Maschine von der Umfangsgeschwindigkeit 100 m/s, dann ist:

$$h_{ad\,100} = h_{ad} \left(\frac{100}{u} \right)^2.$$

d) Vollständige Berechnung einer Überdruckstufe.

Tabelle III.

Dampfmenge, gegeben . . . kg/h 24 0	$c_1 = \psi c_0 = 0{,}95\,c_0$ . . . . . . m/s 242
„ „ . . . kg/s 0,69	$\eta_i =$ nach Abb. 32 0,835
Druck vor der Stufe . . . . ata 0,04	$h_i = \eta_i \cdot h_{ad\,Stufe}$ . . . . . . cal/h 7,5
vor der $\{\,t^0\,C$ . . . . ^0C —	v hinter der Stufe $0{,}898 \cdot 45{,}2$ m³/kg 40,6
Stufe $\}$ x Dampfgehalt 0,905	$F = (G_{sec}\,v/w_2)\,10^6$ . . . mm² 1160,00
$h_{ad\,Stufe}$ angenommen . . . . kcal/h 9,0	(NB! $w_2 = c_1$)
hinter $\{$ Druck . . . . ata 0,03	b_2/t nach Abb. 19) 0,45
der $\}$ t . . . . ^0C —	$l = F : (D\,\pi\,b_2/t)$ . . . . . . mm 130
Stufe $\}$ x Dampfgehalt 0,8975	Spalt-$\{$ Radialspalt n. Tab. S. 44 mm 0,4
$D_{Trommel}$ ϕ angenommen . . . mm 500	ver- $\}$ $F_{Spalt} = D\,\pi \cdot s$ . . . mm² 665
D voraussichtl. Schaufelkreis-ϕ mm 625	lust $\}$ $(F_{Spalt}/F) \cdot 100$ . . . . . % 0,6
n Touren-Min. vorgeschr. 3000	Außen-Stopfbüchsenverlust . kg/h 150
$u\;(= D \cdot n \cdot \pi/60)$ . . . . m/s 98	„ „ . . . % 6,0
$h_{ad\,100}$ . . . . cal/h 9,4	Spalt- + Stopfbüchsenverlust . . % 6,6
$tg\,\alpha$ Schaufelaustrittswinkel an-	G_{st}' Dampfmenge abzügl. Spalt- + Stopf-
genommen . . . . % 60	büchsenverlust . . . . . kg/h 2320
c_0/u nach Abb. 32 2,6	$N_i = (G_{st}' \cdot h_i)/632$ . . . . . PS$_i$ 27,5
$c_0 = (c_0/u) \cdot u$ . . . . m/s 255	l ausgeführt . . . . mm 122

Für die Berechnung von Überdruckstufen sind dieselben Grund-
gleichungen zu verwenden, wie bei den Gleichdruckstufen; es ist nur
zu beachten, daß die Absolutwerte von b_2/t bei Überdruckkanälen etwas
größer sind wie bei Gleichdruckkanälen (vgl. Abb. 19). Das Stufengefälle $h_{ad\,Stufe}$ nimmt man an, und zwar mit Rücksicht auf einen günstigen c_0/u- bzw. günstigen η_i-Wert; die Annahme des Trommeldurch-

messers kann mit Erfolg nur auf Grund einer Überschlagsrechnung für die ganze Maschine erfolgen (siehe später!); bei der Annahme des voraussichtlichen Schaufelkreisdurchmessers ($D = 625$ mm) muß man die als rechnerisches Schlußergebnis folgende Schaufellänge schon vorher schätzen; im vorliegenden Fall wurden 125 mm geschätzt, so daß sich

$$D = 500 + 2 \cdot \frac{125}{2} = 625$$ ergibt; die Rechnung zeigt als Schluß-

ergebnis eine auszuführende Schaufellänge $l_{\text{ausgeführt}} = 122$ mm, so daß sich eine Wiederholung der Rechnung erübrigt; hat man jedoch mit der Annahme des voraussichtlichen Schaufelkreisdurchmessers weniger Glück, dann muß die Rechnung wiederholt werden; wir verfolgen nun noch die übrigen Einzelheiten des Rechnungsganges! Der Winkel tg $\alpha = 60\%$ ist ziemlich groß gewählt; das hat seinen Grund in dem verhältnismäßig großen spezifischen Dampfvolumen der Stufe; ein kleiner Winkel würde hier unverhältnismäßig große Schaufellängen ergeben. Der weitere Rechnungsgang ist nur eine Aneinanderreihung der im einzelnen schon behandelten rechnerischen Grundlagen. Bei rohen Überschlagsrechnungen begnügt man sich schon mit dem Schaufellängenwert, wie er sich ohne Berücksichtigung von Spalt- und Außen-Stopfbüchsenverlust ergibt.

e) Vollständige Berechnung einer Gruppe von Überdruckstufen mit gleichen oder auch stetig wachsenden Schaufellängen.

Tabelle IV.

Stufenzahl 10	η_i mittel 0,8875
G_{st} Dampfmenge . . . . . . kg/h 2480	h_i Gruppe . . . . kcal 28,4
G_{sec} Dampfmenge . . . . . kg/s 0,69	$F = (G v / w_2) \cdot 10^6$ [NB! $w_2 = c_1$]
Vor der { Druck . . . . ata 2,49	mm² 6490—7300
Gruppe { t Temperatur . . . . °C 183	b_2/t nach Abb. 19 0,15
{ x Nässe . . . . —	$l = F : (D \cdot \pi \cdot b_2/t)$ . . . mm 26—29,3
h_{ad} Gruppe . . . . kcal 32	l_{mittel} . . . . mm 27,7
h_{ad} Stufe . . . . kcal 3,2	Profilbreite angen. »b« . . . . mm 12
h_{ad} erste — letzte Stufe . . kcal 2,2—4,2	Achsialspalt angen. »a« . . . . . mm 3
Druck am Ende der ersten — letzten	Baulänge der Gruppe. . . . . . mm 300
Stufe . . . . ata 2,38—1,25	Spalt- { Radialspalt s . . . . mm 0,3
t Temperatur . . . . °C 178—127	verlust { F_{Spalt} . . . . mm² 509
x Sp. Dampfgehalt . . . . . . —	{ F_{Spalt}/F_{mittel} . . . . . . °/₀ 7,4
v Volumen . . . . . m³/kg 0,887—1,48	Außen-Stopfbüchsen- ⎫ . . . kg/h 150
D Trommel ϕ angenommen. . mm 500	verlust ⎭ . . . °/₀ 6,05
D voraussichtl. Schaufelkreis ϕ mm 530	Spalt- + Außen-Stopfbüchsenverlust
n Tourenzahl/Min. 3000	°/₀ 13.5
$u = [D n \cdot \pi] : 60$ . . . . . . m/s 83	G'_{st} abzügl. Spalt- + Stopfbüchsen-
$h_{ad\,100}$ erste — letzte Stufe kcal 3,2—6,1	verlust . . . . kg/h 2140
tg α angenommen . . . . °/₀ 20	$N_{i\,Gruppe} = \dfrac{G'_{st} \cdot h_i}{632}$ . . . . . PS₁ 96
c_0/u nach Abb. 32 . . . . . 1,2—1,77	
$c_0 = (c_0/u) \cdot u$ . . . . . m/s 99,5—147	l abzügl. Spalt- + Stopfbüchsenverlust
$c_1 = \varphi \cdot c_0 = 0,95\, c_0$ . . . m/s 94,5—140	mm 24
η_i nach Abb. 32 . . . . . 0,89—0,875	

Die im vorigen Abschnitt gezeigte Berechnung einer einzelnen
Stufe und die hier durchgeführte Berechnung einer Gruppe von mehreren
Stufen stellen die wesentliche Grundlage einer vollständigen Maschinenberechnung dar. Die Wahl der Stufenzahl pro Gruppe (im vorliegenden
Beispiel = 10) kann wiederum nur auf Grund einer Gesamtbeurteilung
der Maschine getroffen werden (siehe später). Die Wahl des Gruppen-
gefälles und damit des Stufengefälles erfolgt wieder mit Rücksicht auf
einen wirtschaftlich günstigen Wert von c_0/u bzw. von η_i. Wenn nun
sämtliche Stufen der Gruppe, wie im vorliegenden Fall, gleiche Schaufellängen erhalten sollen, dann führt man zweckmäßig die weitere Rechnung jeweils für die erste und letzte Stufe durch. Den Mittelwert aus
beiden bringt man schließlich zur Ausführung; dieses Verfahren liefert
natürlich nur Näherungswerte; genauere Daten lassen sich auch hier
nur mittels der sog. Vauquadratmethode erzielen. Das Verfahren ist
natürlich genau das gleiche, wenn man in der Gruppe die Schaufellänge
von der ersten bis zur letzten Stufe hin stetig zunehmen lassen will.
Für eine Turbine mit mehreren Stufengruppen mit je gleicher Schaufellänge ist der Ankaufspreis niedriger als für eine solche mit stetig wachsenden Längen; dafür aber hat letztere einen besseren Dampfverbrauch,
schon wegen der in Wegfall kommenden Gruppenübergangsverluste.
Letzten Endes entscheidet eben hier der Kohlenpreis oder vielmehr das
Ergebnis einer Gesamt-Wirtschaftlichkeitsrechnung; diese ermittelt den
Preis der erzeugten kWh aus Verzinsung und Abschreibung des An-
schaffungskapitals, sowie aus sämtlichen Betriebskosten und Unkosten.
Im vorliegenden Beispiel ist entsprechend dem mittleren Stufengefälle
$3,2 = \left(\dfrac{32}{10}\right)$ für die erste Stufe ein Gefälle von 2,2 und für die letzte
ein solches von 4,2 vorgesehen worden; der Mittelwert aus $2,2 + 4,2$
ist, wie es sein soll, $= 3,2$; das kleinere Gefälle in der ersten Stufe und
das größere in der letzten, d. h. also das Anwachsen des Stufengefälles
nach hinten zu, ist deshalb erforderlich, weil nur durch diese Maßnahme
bei dem ebenfalls wachsenden Volumen v ein konstant bleibender Wert
$G/F = w/v$ und damit auch eine gleich bleibende Schaufellänge l ermög-
licht wird. Die Größe der Abweichung der Werte 2,2 und 4,2 vom
Mittelwert muß bei der vorliegenden Näherungsrechnung oder Projektrechnung dem Gefühl überlassen bleiben; je nachdem man hier von
vornherein mehr oder weniger glückliche Annahmen trifft, weichen
auch die Schlußwerte der Schaufellängen „l" in der ersten und letzten
Stufe weniger oder mehr voneinander ab; ist dieser Unterschied nicht
allzugroß, dann genügt der Mittelwert aus beiden; im andern Fall ist
es besser, das Verfahren zu wiederholen. Der Druck, sowie die Temperatur bzw. der spezifische Dampfgehalt, je nachdem es sich um Heiß-
oder Naßdampf handelt, folgen aus dem I-S-Diagramm. Das Volumen v
kann berechnet werden. Der Trommeldurchmesser muß auf Grund

eines Gesamturteils über die ganze Maschine angenommen werden;
bei der Annahme des voraussichtlichen Schaufelkreisdurchmessers muß
wieder die zu erwartende Schaufellänge im voraus geschätzt werden;
im vorliegenden Beispiel wurde diese zu 30 mm geschätzt, so daß sich
ergibt: $D = 500 + 2 \cdot \dfrac{30}{2} = 530$ mm; die Tourenzahl $n = 3000$/min
der Maschine ist vorgeschrieben; damit liegt auch „u" fest; die Stufengefälle sind nun auf die Umfangsgeschwindigkeit von 100 m/s zu reduzieren, so daß z. B. für die erste Stufe folgt:

$$h_{ad\,100} = 2,2 \cdot \left(\frac{100}{83}\right)^2 = 3,2 \text{ kcal}$$

und analog für die letzte Stufe 6,1 kcal. Der Winkel tg α kann im
höher gespannten Gebiet klein angenommen werden (tg $\alpha = 20\%$),
weil bei den hier vorliegenden kleinen Voluminas die Schaufellängen
vom konstruktiven Standpunkt aus eher zu klein als zu groß ausfallen.
Aus den Werten $h_{ad\,100}$ und tg α ergeben sich nun nach Abb. 32 die
c_0/u-Werte und die Werte η_i; aus c_0/u und „u" wiederum folgt c_0 bzw.
c_1 ($= w_2$) und hieraus schließlich der Schaufelkanalaustrittsquerschnitt.
Entnehmen wir nun noch den Kurven den durch tg α bereits fest-
gelegten Wert b_2/t, dann ist damit auch l bestimmt, und zwar im vorliegenden Beispiel zu 26 mm für die erste und 29,3 mm für die letzte
Stufe; die Abweichung zwischen beiden ist praktisch bedeutungslos,
so daß wir mit der obigen Verteilung der Gefälle auf die erste und
letzte Stufe zufrieden sein können; auch die bei der Annahme von
$D_{\text{voraussichtlicher Schaufelkreis}}$ getroffene Schätzung der Schaufellänge im Betrage von 30 mm stimmt praktisch mit dem errechneten Mittelwert
27,7 mm überein; eine rohe Überschlagsrechnung braucht vorerst nicht
weiter durchgeführt zu werden; ist aber genügend Zeit vorhanden, dann
empfiehlt sich auch die Berücksichtigung der Spalt- und Stopfbüchsen-
verluste. Ist ein besonderer Ausgleichkolben vorhanden, dann sind
rechnerisch die Spalt- und Ausgleichkolbenverluste zu nehmen. Die
Verlustdampfmengen gehen ja nicht durch die Schaufelkanäle, so daß
unter Abzug dieser Verlustmengen die schließliche Schaufellänge zu
24 mm gefunden wird; die Leistung am Radumfang der Gruppe, ebenfalls unter Abzug der Verlustdampfmengen, folgt nach der bekannten
Formel $N = \dfrac{G_{st} \cdot h_i}{632} \text{ PS}_i$ zu 90 PS_i.

7. Berechnung vollständiger Maschinen.

a) Bestrebungen im neueren Dampfturbinenbau.

Bevor wir eine vollständige Maschine durchrechnen, muß das
Wesentliche über die neueren Bestrebungen im Dampfturbinenbau vor-
ausgeschickt werden. Die vielen Turbinensysteme, welche sich im Laufe

der Entwicklung einstellten, lassen sich immer wieder auf zwei Grund-
formen zurückführen: Gleichdruck- und Überdrucksystem. Dabei handelt es sich häufig genug um eine Mischung aus beiden. Bisweilen wird
für die erste Stufe das Curtisrad gewählt; der verhältnismäßig schlechtere
Wirkungsgrad des Curtisrades braucht nicht unbedingt gegen dasselbe
zu sprechen; es kommt stets auf die Gesamtwirtschaftlichkeit einer
Anlage an. Was nun die einkränzigen Gleichdruck- und Überdruckstufen betrifft, so wurden erstere bis jetzt für etwa 600 m/s wirkliche
Dampfgeschwindigkeit in den Leitkanälen und etwa 450 m/s relative
Geschwindigkeit in den Laufkanälen gebaut, letztere dagegen schon
immer für die wesentlich niedrigeren Dampfgeschwindigkeiten von etwa
100 bis 200 m/s. Konstruktiv fiel bei ersteren die kleine Stufenzahl
aber größere achsiale Baulänge der Leitapparate ins Auge; im Gegensatz hierzu standen schon immer die große Stufenzahl und kleine
achsiale Baulänge der Leitapparate bei den Überdruckstufen.

Die Beurteilung der Rentabilität der verschiedenen Turbinenbau-
arten stützt sich in der Hauptsache auf die Werte der Düsen- und
Schaufelkoeffizienten φ und ψ. Nun müssen wir zunächst beachten,
daß der Größenwert von φ und ψ keinen Einfluß auf das gegenseitige
Verhältnis zwischen c_0/u und η_i hat; denn es ist z. B. der maximale
Wirkungsgrad η_i von Gleichdruckstufen bei c_0/u rund 2 zu erwarten
und derjenige von Überdruckstufen bei $c_0/u =$ rund 1; aber der absolute
Wert dieser Maxima steigt oder fällt mit besseren oder schlechteren
Werten von φ und ψ.

Seit einigen Jahren nun glaubt man auf Grund englischer Versuche,
daß φ und ψ bei kleineren Dampfgeschwindigkeiten bessere Werte aufweisen und daß demzufolge die großen Dampfgeschwindigkeiten bei
Gleichdruckstufen unzulässig seien. Neben diese erste Forderung
nach kleineren Dampfgeschwindigkeiten tritt eine zweite Forderung nach Verwendung von Hochdruck-Heißdampf bis etwa
40 at und von Höchstdruck-Heißdampf bis etwa ≥ 100 at. Die
Weiterungen, welche sich aus diesen beiden Forderungen für den Turbinenbau ergeben, betrachten wir an Hand der wesentlichsten Turbinen-
kennzahlen.

Turbinen-Kennzahlen. Es sei $A \dfrac{c_0{}^2}{2g} = h_{ad}$ je Stufe.

$$z = \text{Stufenzahl der Maschine;}$$
$$z A c_0{}^2/2\,g = H_{ad} \text{ für die ganze Maschine.}$$

$$z \cdot A \cdot \left(\frac{c_0}{u}\right)^2 \cdot \frac{u^2}{2g} = H_{ad}; \quad \text{oder} \quad \frac{c_0}{u} = \frac{H_{ad} \cdot 2\,g}{(z \cdot u^2) \cdot A};$$

diese Gleichung enthält nun · folgende bekannten Kennzahlen: $\dfrac{c_0}{u}$!
Die üblichen Werte c_0/u müssen nach wie vor beibehalten werden;

denn allein der c_0/u-Wert bildet das Kennzeichen für den besseren oder
schlechteren Wirkungsgrad η_i; die zusammengehörigen Werte von $\eta_{i\,max}$
und c_0/u sind nicht von der Größe der Dampfgeschwindigkeit abhängig.
zu^2 oder Σu^2! Der in der Gleichung festgelegte Zusammenhang zwischen c_0/u und Σu^2 läßt dieses erkennen: Bei gleichbleibendem c_0/u
und kleiner Dampfgeschwindigkeit c_0 muß auch „u" kleiner und damit
„z" größer werden. Daher zeichnen sich die neueren Turbinen durch
eine größere Stufenzahl und des kleineren „u" wegen auch durch
kleinere Durchmesser aus. Die große Stufenzahl führt ferner bei großen
Leistungen und hohen Dampfdrücken unbedingt zur Mehrgehäusebauart. Aber auch bei mittleren Leistungen finden wir neben der Ein-
gehäusebauart die Mehrgehäusebauart vor. Bei der bisherigen Bauart
von Kondensationsmaschinen war man bestrebt, die Umfangsgeschwindigkeit möglichst hoch zu wählen, um gleichsam die Festigkeit des Materials auszunutzen; dies führte entsprechend dem vorgeschriebenen
c_0/u-Wert ganz von selbst zu den oben erwähnten hohen Dampfgeschwindigkeiten und kleinen Stufenzahlen. Die sich dabei ergebenden Werte
Σu^2 bewegten sich zwischen $300\,000$ und $400\,000$. Für die neuzeitliche
Turbine ist bei

> eingehäusiger Bauart Σu^2 etwa $450\,000$ bis $600\,000$ und für die
> mehrgehäusige Bauart Σu^2 etwa $700\,000$ bis $800\,000$[1]);

der thermodynamische Wirkungsgrad, welcher bei den bisherigen Turbinen höchstens 72 bis 74% betrug, steigt auf etwa 75 bis 79% für
eingehäusige und auf etwa 79 bis 86% für mehrgehäusige Maschinen,
wenn dabei gleichzeitig Hochdruck-Heißdampf verwendet wird. (Heißdampf verbessert nach alten Erfahrungen den Dampfverbrauch pro 7°
Temperaturerhöhung um 1%.) Nach Dr. Löffler ergeben sich bei $100\,m/s$
Dampfgeschwindigkeit um etwa 20% bessere Wirkungsgrade gegenüber

Dampf von 500 bis 600 m./s. $\dfrac{z \cdot u^2}{H_{ad}}$ = Parsonssche Kennzahl oder sog.

Qualitätsziffer! Diese Zahl, welche auch den Einfluß des Frischdampf-
druckes und des Vakuums zugleich erfaßt, liegt für eingehäusige Maschinen etwa bei 2500 bis 2800 und für mehrgehäusige Maschinen etwa
bei 2900; die Zahlen geben bei großem Dampfvolumen einen Maßstab
für die Gütebeurteilung der Maschine ab.

$$\dfrac{D \cdot n}{\alpha_1 + \alpha_2} \leq 30\,000 \text{ je Stufe.}$$ D = Beaufschlagungsdurchmesser; n =

Drehzahl; α_1 und α_2 = Ein- und Austrittswinkel der Laufschaufel. Diese
Kennzahl hat die Brünner Maschinen-Fabrik-Gesellschaft aufgestellt;
sie verweist auf die Tatsache, daß durch die Krümmung Verdichtungs-
stöße eintreten müssen; die Strömung durch einen gekrümmten Kanal
führt ja auch bekanntlich an der konkaven Seite zu einem Druck-

---

[1]) Z. d. V. d. I. 1925, S. 465 ff.

anstieg und an der konvexen Seite unter Umständen bis zur Strahlablösung und Wirbelbildung; durch Einhaltung vorstehender Kennzahl soll bei den dabei vorhandenen kleinen Dampfgeschwindigkeiten der Verdichtungsstoß praktisch verschwinden.

b) Leit- und Laufkanäle mit geringster Reibung.

Die Reibungsverhältnisse in den Leit- und Laufschaufelkanälen sind noch nicht genügend erforscht. Mit Bestimmtheit wissen wir jedoch hierüber dieses: Die Reibung in den Kanälen ist um so größer, je größer die Wandungsoberflächen sind, und um so kleiner, je größer der Kanalquerschnitt ist. Nachstehend soll nun gezeigt werden, daß sich durch rechnerisch konstruktive Behandlung dieser Tatsache ein verblüffend einfaches Gesetz für den Entwurf von Kanälen mit geringster Reibung ergibt.

Bei jedem Leit- und Laufkanal (Abb. 14) kommen als Reibungsflächen die radialen Wände AD und CE in Frage, sowie die Tangentialwand $CADE$ zweimal; die in der Abb. dargestellte Fläche $CADE$ ist der Mittelwert aus der Fläche an der Innen- und derjenigen an der Außenseite; bei Schaufelkanälen setzen wir an der Außenfläche die Abdeckung durch Deckbleche voraus.

Die nachstehenden Bezeichnungen gelten für den Leitschaufelkranz einer Stufe in gleicher Weise wie für den Laufschaufelkranz.

F_0 = vom Dampf berührte Oberfläche des Kanals ($= F_{radial} + F_{tangential}$)
F_Q = Querschnitt des Kanals; b = axiale Baulänge;
a = Austrittswinkel; z = Schaufelzahl des Kranzes;
b_2 = Kanalaustrittsbreite; l = Austrittslänge;
Z = Stufenzahl der Maschine.

Dann gilt zunächst je Kanal:

$$F_{radial} = 2\,\frac{0,7 \cdot b \cdot l}{\sin \alpha};$$

dabei ist die abgewickelte Wand AB bzw. CD ungefähr $= 0,7 \cdot b : \sin \alpha$;

$$F_{tang} = 2\,\frac{b^2}{\sin \alpha} \cdot 0,7 \cdot b;$$

$$F_O = \frac{2 \cdot 0,7 \cdot b}{\sin \alpha}\,(l + b_2);$$

$$F_Q = l \cdot b_2;$$

$$F_O/F_Q = \frac{2 \cdot 0,7 \cdot b}{\sin \alpha} \cdot \frac{l + b_2}{l \cdot b_2}.$$

Nun wird erfahrungsgemäß mit (Teilung) $t = k \cdot b$ und $k =$ rund $0,5 \div 0,6$ für Schaufel-

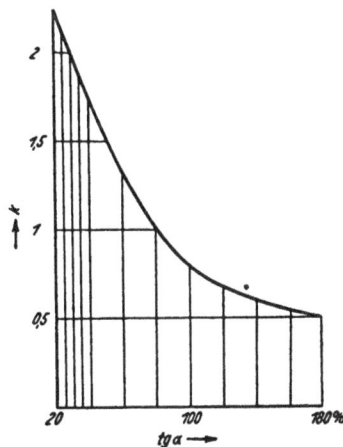

Abb. 33. Erfahrungskoeffizient k für den Zusammenhang zwischen Düsenteilung t und Profilbreite b nach $t = k \cdot b$.

profile ein gutes strömungstechnisches Verhältnis erzielt; ein bei Düsen brauchbarer Konstruktionswert k ist bei verschiedenen Winkeln tg α in Abb. 33 dargestellt; damit ergibt sich allgemein für Leit- und Lauf-kanäle

$$k \cdot b = \frac{b_2}{(b_2/t)} \text{ oder } b = \frac{b_2}{k \cdot (b_2/t)};$$

eingeführt in obige Gleichung wird:

$$\frac{F_O}{F_Q} = \frac{2 \cdot 0{,}7 \cdot b_2}{\sin \alpha \cdot k \cdot (b_2/t)} \cdot \frac{l + b_2}{l \cdot b_2} = \frac{2 \cdot 0{,}7 \cdot (l + b_2)}{\sin \alpha \cdot k \cdot (b_2/t) \cdot l}.$$

Pro Maschine $F_O/F_Q = 2 \cdot z \cdot Z \cdot \dfrac{2 \cdot 0{,}7 \cdot (l + b_2)}{\sin \alpha \cdot k \cdot (b_2/t) \cdot l}$

$$z = \frac{D \cdot \pi}{k \cdot b} = \frac{D \cdot \pi \cdot (b_2/t) \cdot k}{k \cdot b_2};$$

damit

$$\frac{F_O}{F_Q} = 2 \cdot \frac{D \cdot \pi \cdot b_2/t}{b_2} \cdot Z \cdot \frac{2 \cdot 0{,}7 \cdot (l + b_2)}{\sin \alpha \cdot k \cdot (b_2/t)\, l} = \frac{2 \cdot \pi \cdot 2 \cdot 0{,}7}{\sin \alpha \cdot k} \cdot D \cdot Z \cdot \frac{l + b_2}{l \cdot b_2};$$

also Kennzahl $=$ Konstante $\cdot D \cdot Z \cdot \dfrac{l + b_2}{l \cdot b_2}$.

$\dfrac{l + b_2}{l \cdot b_2}$; dieser Wert muß möglichst klein werden, wenn die Reibung klein sein soll, der Kleinstwert tritt für ein größtes $l \cdot b_2$ auf; mit andern Worten: Bei einer bestimmten Schaufellänge tritt die kleinste Reibung für ein größtes b_2 oder, was dasselbe ist, für ein kleinstes z auf, d. h. für eine kleinste Schaufelzahl am Umfang eines Leit- oder Laufkranzes. Danach müssen wir in Zukunft aus den mit Rücksicht auf Festigkeits-beanspruchung nötigen achsialen Baulängen der Leitkanäle das größt-mögliche b_2 und damit das kleinstmögliche z herausholen; unter Um-ständen müssen wir die achsialen Baulängen größer wählen als aus bloßen Festigkeitsgründen nötig ist, um die Reibung entsprechend zu verkleinern, was besonders bei den großen Düsenhöhen in die Erscheinung treten wird. Für ein und denselben Kanal, d. h. also für einen bestimmten Wert „lb_2" selbst tritt das Minimum an Reibung bei $l = b_2$ ein.

Beweis: $lb_2 = c$; $b_2 = \dfrac{c}{l}$; $\dfrac{l + b_2}{l \cdot b_2} = \dfrac{l^2 + c}{l \cdot c}$;

Differentialquotient $= \dfrac{2 \cdot l^2 \cdot c - c \cdot (l^2 + c)}{l^2 \cdot c^2} = \dfrac{l^2 - c}{l^2 \cdot c} = \dfrac{l - b_2}{l^2 \cdot b_2}$;

dieser Differentialquotient wird gleich Null für $l = b_2$ (vgl. Abb. 34).

Bei den Laufschaufelkanälen sowie auch bei den Überdruckkanälen der Leitkränze, die sich ja bisher von den Laufschaufelkanälen nicht unterscheiden, gilt dieses: Die Profilbreite muß größer ausgeführt werden als der aus bloßen Festigkeitsgründen sich ergebende, bisher übliche Wert, weil dadurch b_2 groß oder, was dasselbe ist, z klein und damit $\dfrac{l+b_2}{l \cdot b_2}$ klein ausfällt; bei großen Schaufellängen wird diese Maß-

nahme in Zukunft zu viel größeren Profilbreiten führen als bisher; desgleichen bei kleinen, wenn auch nicht in dem Maße.

Beispiel für den Nachweis des Energiegewinnes: Auf Grund der Maschinenberechnung sei die Düsenhöhe $l = 50$ mm gefunden worden, und zwar bei einem Winkel tg $\alpha = 0,35$; die konstruktive achsiale Baulänge des Zwischenbodens sei $b = 100$ mm; dann war früher: b_2 nach Gefühl anzunehmen zwischen 3 : 12 mm, z. B. $b_2 = 4$ mm; damit wäre

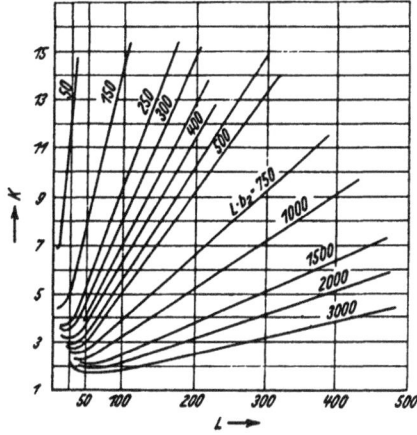

Abb. 34. Kennzahl $\frac{l+b_2}{l \cdot b_2}$ in Abhängigkeit von der Schaufellänge.

$$\frac{l+b_2}{l \cdot b_2} = \frac{54}{200} = 0,27.$$

jetzt: $b_2 = 50$ mm $= l$ kann bei obigen Werten b und tg α gut durchgebildet werden; dann wird

$$\frac{l+b_2}{l \cdot b_2} = \frac{50+50}{50 \cdot 50} = 0,04;$$

aber wir können sogar noch $b_2 = 64$ mm durchbilden, so daß

$$\frac{l+b_2}{l \cdot b_2} = \frac{50+64}{50 \cdot 64} = 0,035 \text{ wird.}$$

Gewinn: Es ergibt sich gegen früher eine etwa $\dfrac{0,27}{0,0355} = 7,7$ mal kleinere Reibung.

$$\underline{D \cdot Z}; \quad \frac{H_{ad}}{\dfrac{c_0^2}{2g} \cdot \dfrac{1}{427}} = Z \text{ (bei Gleichdruckturbinen)}$$

$$\frac{H_{ad} \cdot 2 \cdot g \cdot 427}{\dfrac{c_0}{u} \cdot c_0} = Z \cdot u; \quad \frac{H_{ad} \cdot 2 \cdot g \cdot 427}{\dfrac{c_0}{u} \cdot c_0} = Z \cdot \frac{D \cdot n \cdot \pi}{60};$$

$$Z \cdot D = \frac{H_{ad} \cdot 2 \cdot g \cdot 60 \cdot 427}{\dfrac{c_0}{u} \cdot c_0 \cdot n \cdot \pi}.$$

Für die Einheit des Gefälles und für einen bestimmten Wert c_0/u (z. B. $= 2$) wird $Z \cdot D = \dfrac{8000}{n \cdot c_0}$, d. h. $Z \cdot D$ wird um so kleiner je größer $n \cdot c_0$ ist. Danach könnte die neuzeitliche Bauweise der vielstufigen und

4*

vielgehäusigen Dampfturbine, wie sie auf Grund englischer Versuchsergebnisse von vielen Firmen durchgeführt wird, nur dann gerecht-
fertigt sein, wenn die Abnahme der Widerstandszahl ζ mit abnehmender
Geschwindigkeit mehr ins Gewicht fällt, als die durch diese kleinere
Geschwindigkeit bedingte Zunahme der Wandreibung; unabhängig
von dieser Streitfrage bleibt bei großen wie kleinen Geschwindigkeiten
die Tatsache bestehen, daß die geringste Wandreibung bei einem Kleinstwert von $\dfrac{l + b_2}{l \cdot b_2}$ eintritt.

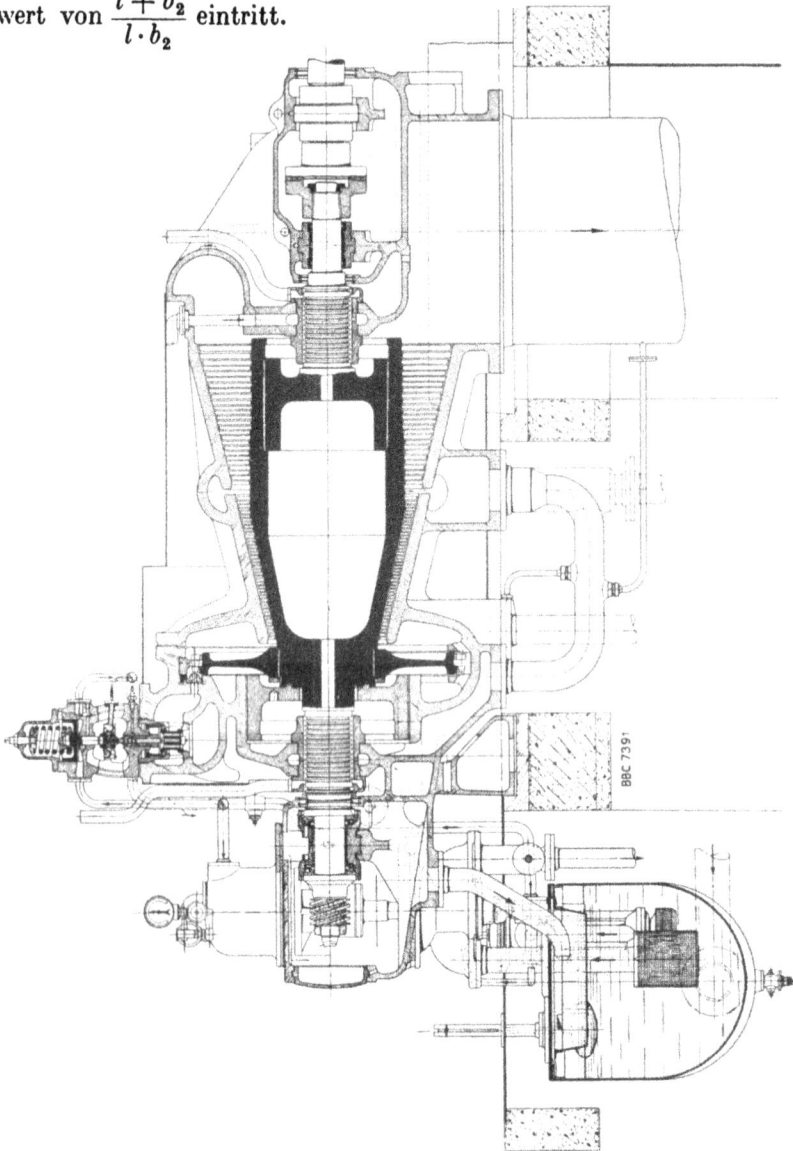

Abb. 35. Schnitt durch eine kombinierte Brown Boveri-Turbine für Leistungen von 500 bis 2000 kW, für Drehzahl 3000, mit Trommelrotor und einem Aktionsrad im Hochdruckteil.

c) **Einige Ausführungsformen neuzeitlicher Turbinen. (Kondensations-
und Sonderturbinen).**

Die eingehäusige mehrstufige Turbine mit mäßigem Frischdampf-
druck und kleinen bis mittleren Leistungen wird auch in Zukunft noch
die weitaus größte Rolle spielen. Bei der in Abb. 35 dargestellten Turbine für 500 bis 2000 kW und 3000 Touren von B.B.C. ist das C-Rad
für sich geschmiedet und auf die Welle aufgesetzt; die Hohltrommel
enthält Überdruckstufen mit stetig wachsenden Schaufellängen; der
rechte Wellenstumpf ist mit dem Trommelende durch Schrumpfung
verbunden. Bei der eingehäusigen Kondensationsturbine der A.E.G.
(Abb. 36) für Leistungen bis 1000 kW ist mit Ausnahme des C-Rades

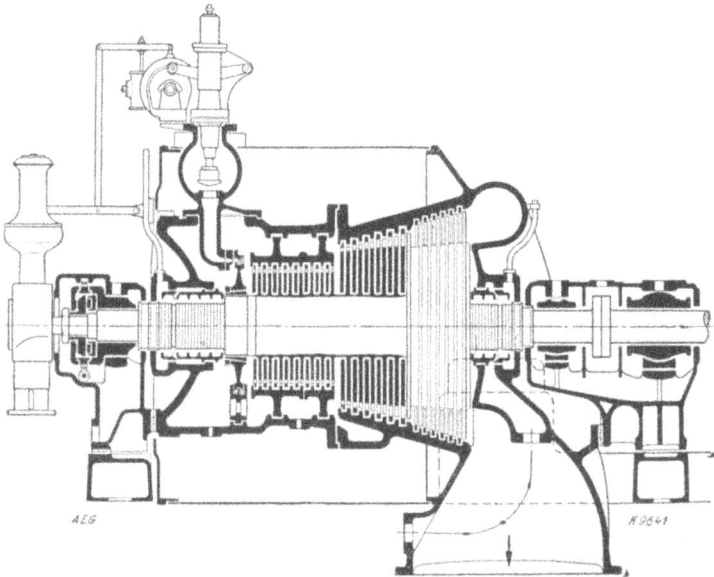

Abb. 36. Eingehäusige Kondensationsturbinen mit $n = 3000$ U/min.

der ganze Rotor aus dem vollen, geschmiedeten Block herausgearbeitet.
Bei der ersten Gruppe von 8 einkränzigen Gleichdruckstufen sitzen die
Zwischenböden in einer Einsatzbüchse derart, daß sich zwischen der
Büchse und dem Gehäuse Dampf befindet, der das Gehäuse vor schäd-
lichen Spannungen schützt; die Büchsen können sich radial ausdehnen,
so daß sie nicht auf das Gehäuse drücken; nun folgen 6 weitere einkränzige Gleichdruckstufen von größerem Durchmesser und schließlich
noch 6 Überdruckstufen, deren Laufschaufeln einfach in der verdickten
Welle sitzen. Die Herstellung des Rotors aus dem Vollen gestattet die
Einhaltung kleiner achsialer Spiele und Baulängen für die Zwischenböden, so daß sich im ganzen eine entsprechend kurze Lagerentfernung

ergibt. Die Zweizylinder-Turbine von B.B.C. für 10000 kW bei 3000 Touren (Abb. 37) zeigt im Hochdruckteil ein vorgeschaltetes einkränziges C-Rad, dem sich eine Trommel mit Überdruckstufen anschließt; für die Überdruckstufen im Niederdruckgehäuse ist aus Festigkeitsgründen eine Scheibenausführung gewählt, wobei von der Wirkung der Spaltüberbrückung (S. 34) Gebrauch gemacht ist. Der Dampf durchflutet die beiden Zylinder in entgegengesetzter Richtung, so daß sich die Achsialschübe gegenseitig ausgleichen können. Bei der Dreizylinder-Bauart (Abb. 38) für 20000 bis 50000 kW bei 3000 Touren sind im Hochdruckgehäuse zwei Gleichdruckräder und anschließend die scheibenförmig gehaltene Trommel mit Überdruckstufen untergebracht; das Mitteldruckgehäuse besteht aus weiteren derartigen Überdruckstufen, und das Niederdruckgehäuse mit Scheibenausführung ist in allen seinen Stufen zweiflutig gehalten. Auch hier heben sich die Achsialschübe gegenseitig auf, und zwar zwischen der Hochdruck- und Mitteldruckturbine einerseits sowie innerhalb der Niederdruckturbine durch die Zwillingsanordnung anderseits. In Abb. 39 zeigt die A.E.G. eine Turbine für größte Leistungen

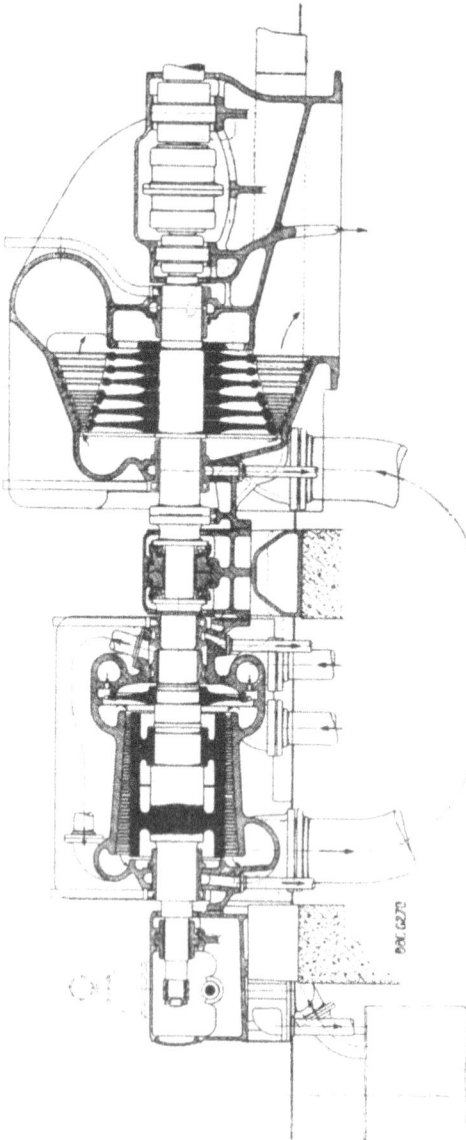

Abb. 37. Schnitt durch eine 10000 kW-Zweizylinderturbine, Drehzahl 3000.

mit wenig Stufen; diese beiden Gehäuse enthalten nur Gleichdruckstufen; der Niederdruckteil ist zweiflutig gehalten. Bei Verarbeitung von Höchstdruckdampf oder auch nur Hochdruckdampf werden vielfach sog. Vorschaltturbinen mit großer Drehzahl ($\geq$ 7000) oder sog. Getriebeturbinen angewandt; die großen Drehzahlen führen zu kleinen Abmessungen und voller Beaufschlagung; das ist nötig, um die Ventilationsverluste auf ein erträgliches Maß zu bringen. B.B.C. baut solche Vorschaltturbinen mit einem oder zwei einkränzigen Gleichdruckrädern je Gehäuse und schaltet je nach der Dampfmenge eine oder zwei solcher Maschinen vor. Die Abb. 40 zeigt eine Vorschaltturbine der A.E.G. Bei den Maschinen größerer Leistungen spricht man von sog. Grenzleistungsturbinen; man versteht darunter Maschinen, welche bei einer bestimmten Drehzahl die größtmögliche Leistung oder bei einer bestimmten Leistung die größtmögliche Drehzahl abgeben.

Die Getriebeturbine dient außerdem auch als Kleinturbine (Abb 41). Das Gehäuse enthält in diesem Fall nur ein zweikränziges C-Rad; ferner verläßt dabei der Dampf die Turbine gewöhnlich mit irgendeinem Gegendruck, um weiterhin für irgendwelche industriellen Zwecke ausgenutzt zu werden (Gegendruckturbine). Die Zweidruckturbine (Abb. 42) ist eine Abdampfturbine mit vorgeschaltetem Frischdampfteil; man kann

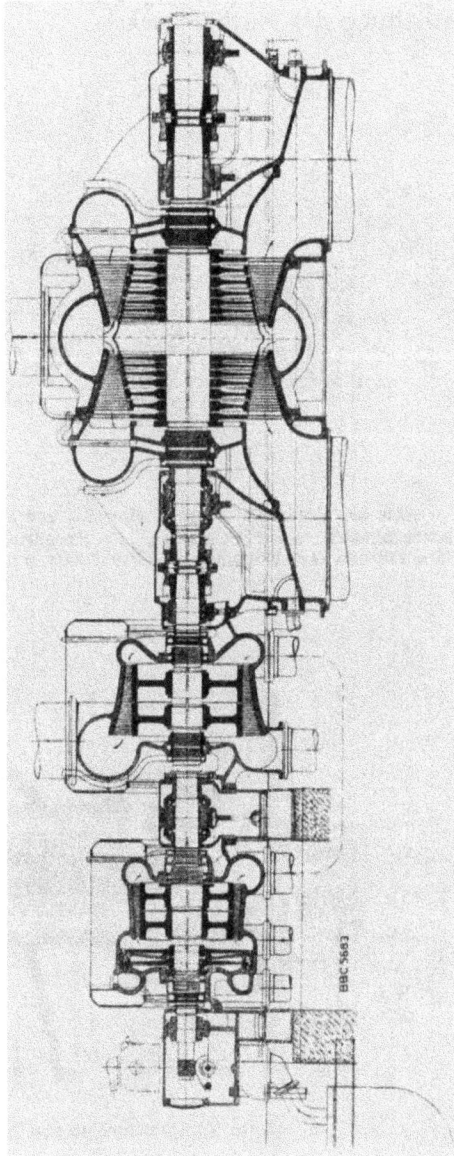

Abb. 38. Schnitt durch eine Turbine von Drehzahl 1500, für Leistungen von 20000 bis 50000 kW.

so bei variabler Abdampfmenge durch entsprechende Regulierung der Frischdampfmenge eine gleichmäßige Leistung der Turbine aufrechterhalten. Die Anzapfgegendruckturbine gestattet außer am Ende der Maschine auch noch aus einer Zwischenstufe derselben Dampf zu entnehmen, also Dampf von zwei verschiedenen Drücken für jeweils verschiedene Zwecke; eine Regulierung sorgt in diesem Fall für Konstanthaltung des Anzapfdruckes.

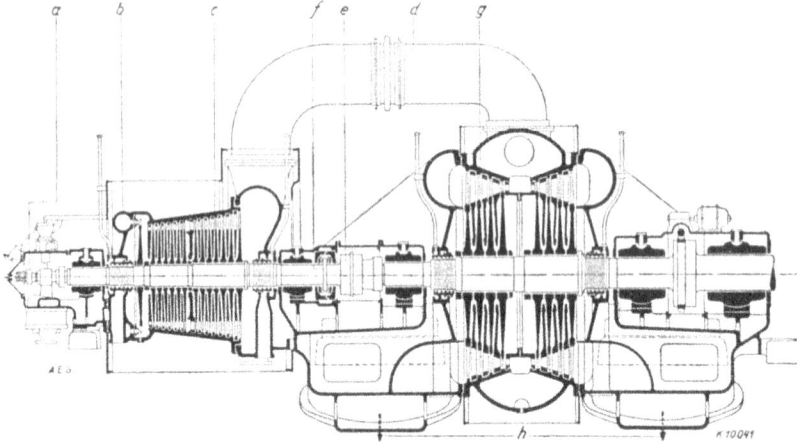

Abb. 39. 80 000 kW-Turbine, einwellig und zweigehäusig, mit wenigen Stufen.
a = Drehzahlregler, b = Frischdampf, c = Hochdruckturbine, d = Überströmung zur Niederdruckturbine, e = Kupplung, f = Drucklager, g = Niederdruckturbine, h = Abdampf.

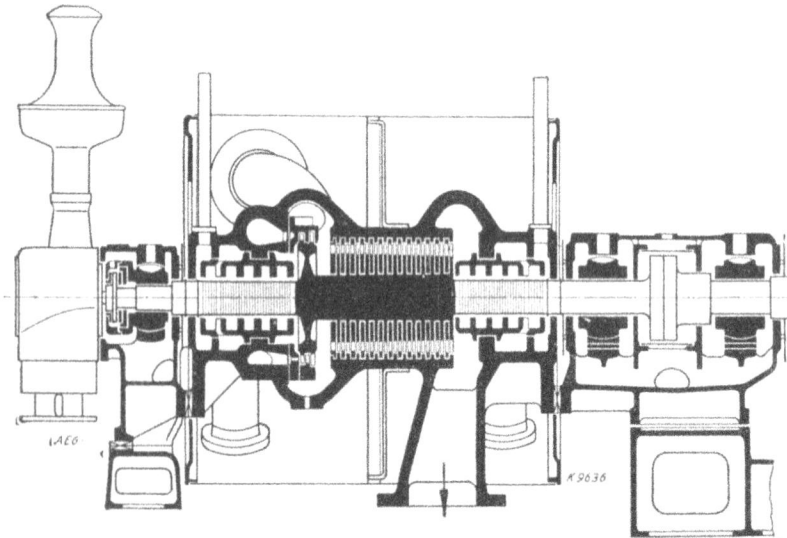

Abb. 40. 32 atü Vorschaltturbine von 2000 kW mit $n = 3000$ U/min.

d) Wesen der Wiederverdampfung.

Durch die Reibung des Dampfes in den Kanalwänden entsteht wie bei jeder Reibung eine gewisse Wärme, die dem Dampf teilweise wieder zugute kommt; bei nassem Dampf wird durch diese Reibungswärme die Nässe verkleinert und bei Heißdampf die Temperatur erhöht. Diese ununterbrochen stattfindende Verbesserung des Dampfzustandes wirkt

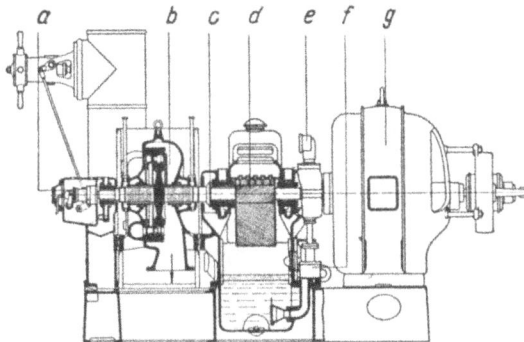

Abb. 41. Kleinturbine mit Zahnradvorgelege;
$N_{max} = 500$ kW, $n = 7500/1000$ U/min.
a = Drehzahlregler, b = Turbine, c = Drucklager, d = Zahnradvorgelege, e = Drehzahlanzeiger, f = Ölpumpe,
g = Generator.

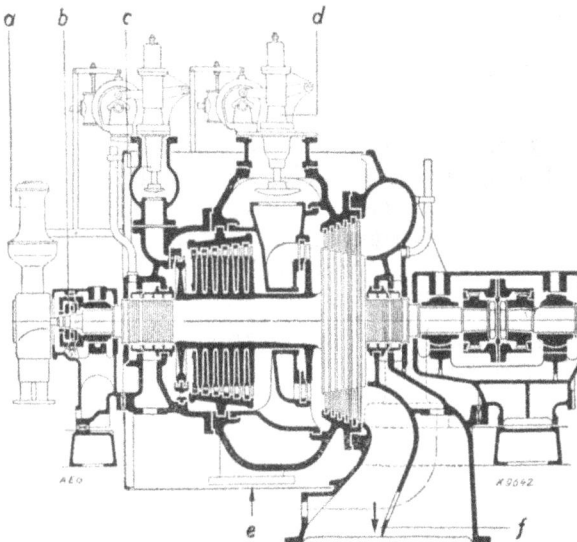

Abb. 42. Frischdampf-Abdampfturbine von 3700 kW für 20000 kg/h Abdampf-
aufnahme. Der Frischdampf umgeht hinter dem Hochdruckteil die
erste Abdampfstufe.
a = Drehzahlregler, b = Drucklager, c = Frischdampfsteuerung, d = Abdampf-
steuerung, e = zufließender Dampf, f = Abdampf zum Kondensator.

sich praktisch in einer Gefällsvermehrung (Abb. 43) aus, so daß z. B. $\Sigma h_{ad} > H_{ad}$ ist. Bei Überschlagsrechnungen, wo nicht mit den ein-zelnen Gefällen h_{ad}, sondern nur mit dem Gesamtgefälle H_{ad} gerechnet wird, muß daher letzteres um den Betrag der sog. Wiederverdampfung (3 ÷ 6%) vergrößert werden. An Hand des *JS*-Diagrammes läßt sich übrigens dieser Prozentsatz in jedem einzelnen Fall leicht und rasch feststellen.

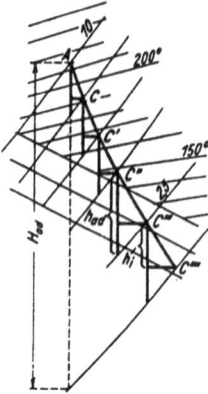

e) Überschlägige Ermittlung des Maschinen- und Rotorgewichtes.

Man bestimmt in überschlägiger Weise die gesamte Gehäuselänge L in Metern und den größten Gehäusedurchmesser über dem Flansch gemessen D_a in Metern, dann findet man hieraus auf Grund von Erfahrungszahlen mittels einfacher Faustformeln näherungsweise die Gewichte in Tonnen.

Abb. 43. Zustandslinie für 5 aufeinanderfolgende Stufen.

$Q_{\text{Turbine}} = C_T D_a{}^2 L$ Tonnen; $Q_{\text{Rotor}} = C_R Q_{\text{Turbine}}$;
$C_T = $ rd. 1,9; $C_R = $ rd. 0,35 für Räderturbinen;
$C_T = $ rd. 1,3; $C_R = $ rd. 0,29 für Trommelturbinen.

Es ist besser, man bestimmt sich durch eine einmalige Gewichtsrechnung für einen bestimmten Typ die Koeffizienten C_T und C_R selbst.

f) Vollständige Maschinenberechnung.

α) Maschine mit Gleichdruck- und Überdruckstufen: Es sei ausdrücklich darauf hingewiesen, daß das grundsätzliche Berechnungsverfahren unabhängig ist von den Wandlungen der Turbinenbauformen und Turbinenkennzahlen. Das grundsätzliche Verfahren selbst zeigen wir am besten an diesem Beispiel: „Berechne und entwerfe eine Turbine mit $N_e = 3200$ PS$_e$, $n = 3000/$min, Vakuum $= 97 ÷ 98\%$, Druck vor der Maschine $= 20$ ata, Temperatur vor der Maschine $= 350^0$ C.

In jedem Fall beginnt man mit der überschlägigen Ermittlung des voraussichtlichen Dampfverbrauches

$$D_e = \frac{632}{\eta_{\text{thermodynamisch}} \cdot H_{\text{ad}}} \text{ kg/PS}_e \cdot \text{h};$$

Wir entscheiden uns von vornherein zur eingehäusigen Bauart und streben mäßige Dampfgeschwindigkeiten an; dann dürfen wir nach obigem erwarten: $\eta_{\text{thermodynamisch}} = 0,75$; ferner ist nach dem *JS*-Diagramm $H_{\text{ad}} = 259,9$ kcal bei 97,5% Vakuum; damit wird der voraussichtliche Dampfverbrauch

$$D_e = \frac{632}{0,75 \cdot 2599} = 3,24 \text{ kg/PS}_e\text{h}$$

und die Dampfmenge $G_{\text{St}} = 3,24 \cdot 3200 = 10360$ kg/h.

Da noch keinerlei Anhaltspunkte über die Ausmaße der Maschine vorliegen, müssen wir zunächst eine Untersuchung über die Kennzahl $\overline{\Sigma u^2}$ der Maschine anstellen; hierauf führen wir eine sog. Überschlagsrechnung durch, bei welcher wir nur mit einem Mittelwert für die einzelnen Stufen rechnen, und schließlich folgt die eigentliche Projektrechnung, bei der möglichst jede einzelne Stufe für sich durchgerechnet wird. Kommt die Maschine auch noch zur Ausführung, dann ist eine Berechnung erforderlich, welche noch genauere Werte liefert als die Projektrechnung; hierzu dient die bereits erwähnte Vauquadratmethode.

$\overline{\Sigma u^2}$. Der eingehäusigen Bauart entspricht bei mäßigen Dampfgeschwindigkeiten etwa ein Wert $\Sigma u^2 = 450000 \div 500000$; ferner wenden wir auf Grund früherer Erörterungen im höheren Druckgebiet Gleichdruckstufen und im niedrigeren Druckgebiet Überdruckstufen an.

C-Rad. $p_{\text{C Rad}} = 4{,}5$ ata angenommen, $h_{ad} = 83{,}4$ aus JS-Diagramm; $c_0 = 91{,}5 \sqrt{84{,}3} = 836$ m/s; $\eta_i = 0{,}71$ aus Kurven für zweikränz. C-Rad; $h_i = 0{,}71 \cdot 84{,}3 = 60$ kcal; $N_i = \dfrac{10360 \cdot 60}{632} = 985$ PS$_i$.

Man kann diese C-Rad-Berechnung auch für mehrere Annahmen $p_{\text{C Rad}}$ durchführen und einen Fall herausgreifen.

Einkränzige Gleichdruckstufen erste Annahme: $10 \cdot 1$ kränz. Räder; $c_0 = 230$ cm/s angenommen; $c_0/u = 2{,}3$ angenommen; $u = c_0/2{,}3 = 100$ m/s; $D = \dfrac{60 \cdot u}{n \cdot \pi} = 638$ mm; $h_{ad\ \text{St(ufe)}} = 6{,}3$ (berechnet aus c_0); $h_{ad\ 1\,:\,10} = 63$ kcal; $\eta_i = 0{,}795$ aus Wirkungsgradkurven; $h_i = 50$ kcal; $p_{\text{Ende}} = 1{,}1$ aus JS-Diagramm.

Überdruckstufen erste Annahme: $h_{ad} = 125{,}2$ kcal zwischen $1{,}1$ und $0{,}025$ ata; $h_{ad} = 1{,}04 \cdot 125{,}2 = 130$ kcal einschließlich Wiederverdampfung. $c_0/u = 1{,}8$ angenommen; tg $\alpha = 40\%$ angenommen; $\eta_i = 0{,}87$ aus Kurven; $h_i = 0{,}87 \cdot 130 = 113$ kcal; $h_{ad\ 100\ \text{St(ufe)}} = 5{,}85$ kcal soll heißen: adiabatisches Stufengefälle bei 100 m/s Umfangsgeschwindigkeit; $D = 700$ mm angenommen. Dieser Durchmesser ist etwas größer als derjenige der Gleichdruckstufen; die ersten Überdruckstufen werden zwar wegen eines guten konstruktiven Anschlusses an die Gleichdruckstufen denselben Durchmesser aufweisen wie die Gleichdruckstufen; die letzten dagegen bekommen wegen der wachsenden Schaufellängen auch einen größeren Durchmesser. $u = \dfrac{D\,n \cdot \pi}{60} = 110$ m/s; $h_{ad\ \text{Stufe}} = \left(\dfrac{110}{120}\right)^2 \cdot 5{,}85 = 7{,}1$; $z = 130/7{,}1 = $ rd. 18 Stufen; $\Sigma u^2 = 1 \cdot 200^2 + 10 \cdot 100^2 + 18 \cdot 110^2 = 359000$; das ist nach obigen Erwartungen zu klein, wir müssen „u" größer wählen.

Zweite Annahme: Einkränzige Gleichdruckstufen. $u = 125$ m/s angenommen; $h_{ad} = 63 \cdot 1{,}02 = 64{,}5$ kcal einschließlich Wiederverdampfung; $c_0/u = 2{,}2$ angenommen; $c_0 = 2{,}2 \cdot 125 = 275$ m/s; $h_{ad\ \text{Stufe}} = 9$

(berechnet aus c_0); $z = 64,5/9 = 7$ Stufen; $D = \dfrac{60\,u}{n\,\pi} = \dfrac{60 \cdot 125}{3000 \cdot \pi} =$ 798 mm $\sim$ 800 mm.

Überdruckstufen: $u = 130$ m/s angenommen; dieser Wert „u" ist aus demselben Grunde etwas größer zu nehmen als bei den Gleichdruckstufen. $D = \dfrac{60 \cdot 130}{3000 \cdot \pi} = 828$; $h_{ad} = 130$ kcal wie bei der ersten Annahme; $c_0/u = 1,5$ angenommen; $tg\,\alpha = 40\%$ angenommen; $h_{ad\,100\,St} = 4,3$ kcal aus Kurven; $h_{ad\,St} = \left(\dfrac{130}{100}\right)^2 \cdot 4,3 = 7,4$ kcal; $z = 130 : 7,4 = 17,6 = \sim 18$ Stufen; $\Sigma u^2 = 1 \cdot 200^2 + 7 \cdot 125^2 + 18 \cdot 130^2 = 455\,000$; auf dieser Basis wollen wir weiterrechnen.

Tabelle V.
Überschlagsrechnung. C-Rad. Siehe die Ausführungen S. 59! 7 einkränzige Gleichdruckräder.

Druck vor der Gruppe . . . . ata 4,5	η_i 0,77
$h_{ad\,1 \div 7}$ einschließl. Wiederverdampfung kcal 64,5	h_i . . . . kcal 49,6
	c_1 . . . . m/s 264
Druck hinter der Gruppe . . . ata 1,1	G_{st} . . . . kg/h 10360
Stufenzahl 7	p_{mittel} . . . . ata 2,3
$h_{ad\,Stufe}$ 9,22	t . . . . °C 158
c_0 . . . . m/s 278	x . . . . —
u . . . . m/s 125	v . . . . m³/kg 0,868
n Touren/min 3000	$F = G \cdot v/c_1$ . . . . mm² 9480
D . . . . mm 800	b_2/t 0,18
c_0/u 2,22	l Düsenhöhe = Schaufellänge . . . 21
$tg\,\alpha$ angenommen . . . . . % 20	N_i . . . . PS₁ 814

Ähnlich gestaltet sich die Überschlagsrechnung für die 19 Überdruckstufen.

Tabelle VI.
Überschlagsrechnung für die 18 Überdruckstufen.

Druck vor der Gruppe . . . . ata 1,1	p_{mittel} . . . . ata 0,2
Druck am Ende . . . . . . ata 0,025	t . . . . °C —
h_{ad} Gruppe einschließlich Wiederverdampfung . . . . . . kcal 130	x 0,93
	v . . . . m³/kg 7,26
Stufenzahl 18	G_{sec} . . . . kg/s 2,88
$h_{ad\,Stufe}$ . . . . kcal 7,22	$c_0 \left(= \dfrac{c_0}{u}\,u\right)$ . . . . m/s 195
u . . . . m/s 130	
n . . . . m/s 3000	c_1 . . . . m/s 185
D . . . . mm 828	$F \left(= \dfrac{G_{sec} \cdot v}{c_1}\right) \cdot 10^6$ . . . . mm² 113000
$h_{ad\,100} = \left(\dfrac{100}{130}\right)^2 \cdot 7,22$ . . . . kcal 4,29	b_2/t 0,31
$tg\,\alpha$ angenommen . . . . % 40	l . . . . mm 140
c_0/u 1,5	N_i . . . . PS₁ 1870
η_i 0,88	
h_i Gruppe . . . . kcal 114	

$N_i = 985 + 814 + 1870 = 3669$ PS₁; verlangt $N_e = 3200$ PS$_e$; die Differenz $N_i - N_e$ entfällt auf die sog. mechanischen Verluste; ihre

Ermittlung im einzelnen nehmen wir erst bei der mehr ins einzelne gehenden Projektrechnung vor, da die vorerst nur rohen Mittelwerte eine zu große Unsicherheit in sich schließen.

Die Ergebnisse dieser Überschlagsrechnung bilden nun die weitere Grundlage für die Projektrechnung. Wir müssen derselben aber noch eine Untersuchung über die Gefällsverteilung vorausschicken.

Gefällsverteilung bei den Gleichdruckstufen. Für „c_0" sowie für „u" führen wir in jeder Stufe den gleichen Wert aus; dann wächst bei gleichem tg α der Querschnitt und damit die Schaufellänge von Stufe zu Stufe im selben Verhältnis wie das spezifische Dampf-volumen; dies ist vom konstruktiven Standpunkt ohne weiteres zulässig, da ja im höher gespannten Dampfgebiet das spezifische Dampfvolumen nur unwesentlich zunimmt (Projektrechnung S. 62).

Gefällsverteilung bei den Überdruckstufen. Hier können wir die Schaufellängen nicht mehr im Verhältnis der Dampfvolumina zunehmen lassen; das Volumen wächst von seinem Anfangswert ($= 1,57$, siehe Volumen in der letzten Gleichdruckstufe S. 62) bis auf $0,866 \cdot 60,68 = 52,6$ am Schluß der Maschine, also um das 33fache; die Schaufel-länge können wir aber nach unserem konstruktiven Gefühl von der ersten bis zur letzten Überdruckstufe nicht in diesem Maß anwachsen lassen. Zur Verkleinerung der Schaufellängen stehen uns bekanntlich folgende Mittel zur Verfügung: 1. Größerer b_2/t-Wert durch Wahl eines größeren Winkels tg α; 2. Zulassung einer größeren Dampfgeschwindig-keit durch Aufwand eines größeren Gefälles; 3. bei besonders großen Dampfmengen die Wahl der Zwillingsausführung für eine oder mehrere Stufen am Ende, so daß die gesamte Dampfmenge in zwei gleiche Teile geteilt wird. Wegen der Schwierigkeiten, die gerade die letzte Stufe vom rechnerischen und konstruktiven Standpunkt aus macht, läßt sich meist vor der Vornahme der Gefällsverteilung eine vorherige Orientierungsrechnung für die letzte Stufe nicht vermeiden.

Orientierungsrechnung für die letzte Stufe. Angenom-men tg $\alpha = 100\%$; b_2/t hierzu $= 0,581$; $c_0/u = 2,2$ angenommen; $D_{\text{voraussichtlich}} = 1000$ mm geschätzt; $u = 157$ m/s; $c_0 = (c_0/u) \cdot u = 346$ m/s; $F = 462000$ mm²; $l = 253$ mm.

Orientierungsrechnung für die erste Stufe. $c_0/u = 1,2$ ange-nommen; $D_{\text{voraussichtlich}} = 840$ mm angenommen, wegen eines guten kon-struktiven Anschlusses an die Gleichdruckturbine. tg $\alpha = 20\%$ an-genommen;

$u = 125$ m/s; $c_0 = 150$ m/s; $c_1 = 142$ m/s; $h_{\text{ad } 100} = 3,25$ kcal, $h_{\text{ad St}} = 5,1$ kcal; $G_{\text{sec}} = 2,88$; $p_{\text{Ende}} = 0,97$ ata; $x = 0,993$;

$$v = 0,993 \cdot 1,775 = 1,76 \text{ m}^3/\text{kg}; \quad F = \frac{2,88 \cdot 1,76 \cdot 10^6}{142} = 35700 \text{ mm}^2;$$
$b_2/t = 0,16$; $l = 84,5$ mm.

Wir tragen nun in einem Koordinatennetz für die einzelnen Stufen vor allem die Werte l, tg α, c_0/u und $h_{ad\,Stufe}$ auf. (Abb. 44 u. Tabelle VII.)

Tabelle VII.

Stufe Nr.	$D\,\phi$	u	$h_{ad\,100}$	$h_{ad\,Stufe}$
1				
2				
3				
4				
5	840	132	3,45	$9 \cdot 6 = 54$
6				
7				
8				
9				
10	850	133	3,8	6,8
11	865	136	3,6	6,7
12	880	138	3,42	6,5
13	895	140	3,57	7,0
14	915	144	3,6	7,5
15	935	147	3,75	8,1
16	955	150	4,2	9,5
17	965	151	4,52	10,3
18	985	155	5,85	14

Projektrechnung für das C-Rad siehe die Ausführungen S. 59.

Tabelle VIII.

Projektrechnung für die 7 einkränzigen Gleichdruckräder.

Stufe Nr.		1	2	3	4	5	6	7
$h_{ad\,Stufe}$	kcal	9,22	9,22	9,22	9,22	9,22	9,22	10
c_0	m/s	278	278	278	278	278	278	290
n	je min	3000	3000	3000	3000	3000	3000	3000
D	mm	800	800	800	800	800	800	800
u	m/s	125	125	125	125	125	125	125
c_0/u		2,22	2,22	2,22	2,22	2,22	2,22	2,32
tg α	%	25	25	25	25	25	25	25
η_i		0,795	0,795	0,795	0,795	0,795	0,795	0,79
h_i	kcal	7,32	7,32	7,32	7,32	7,32	7,32	7,9
p in der Stufe	ata	3,8	3,16	2,62	2,156	1,76	1,426	1,1
t	°C	198	181	166	151	138	121	108
x		—	—	—	—	—	—	—
v	m³/kg	0,565	0,661	0,774	0,91	1,084	1,284	1,57
c_1	m/s	264	264	264	264	264	264	275
G_{st} Dampfmenge	kg/h	10 360	10 360	10 360	10 360	10 360	10 360	10 360
G_{sec} »	kg/sec	2,88	2,88	2,88	2,88	2,88	2,88	2,88
F	mm²	6160,0	7210,0	8450,0	9950,0	11 820,0	14 000,0	16 450,0
b_2/t		0,18	0,18	0,18	0,18	0,18	0,18	0,18
h mm bei $\varepsilon = 1$	mm	13,5	16	18,7	22	26,2	31	36,4
N_i	PS₁	120,0	120,0	120,0	120,0	120,0	120,0	130,0
ΣN_i	PS₁	—	—	850	—	—	—	—

Tabelle IX.

Projektrechnung für die 18 Überdruckstufen.

Stufe .... Nr.	1—9	10	11	12	13	14	15	16	17	18
$D_i \phi$ .... mm	750	750	750	750	750	750	750	750	750	750
$l_{vorauss.}$ ... mm	80	100	115	130	145	165	185	205	215	235
$D_{vorauss.}$ ... mm	830	850	865	880	895	915	935	955	965	985
n ..... je min	3000	3000	3000	3000	3000	3000	3000	3000	3000	3000
u ...... m/s	132	133	136	138	140	144	147	150	151	155
$h_{ad\ Gruppe}$ .. kcal	54	—	—	—	—	—	—	—	—	—
$h_{ad\ Stufe}$ ... kcal	3,0 9,0	6,8	6,7	6,5	7	7,5	8,1	9,5	10,3	13,8
$h_{ad\ 100\ Stufe} = h_{ad\ St}\cdot\left(\dfrac{100}{u}\right)^2$ kcal	1,72 5,15	3,85	3,62	3,42	3,57	3,6	3,75	4,22	4,52	5,9
tg a ...... %	30 40	55	55	55	65	65	75	80	95	100
c_0/u	0,85 1,68	1,42	1,37	1,39	1,48	1,5	1,57	1,71	1,86	2,2
c_0 ...... m/s	112 222	189	188	192	207	216	231	257	281	341
$c_1 = \varphi c_0$ ... m/s	107 211	180	178	183	197	205	219	244	267	324
p ...... ata	1,01 0,255	0,21	0,18	0,14	0,0995	0,0805	0,061	0,046	0,035	0,025
t .... °C	—	—	—	—	—	—	—	—	—	—
x	0,995 0,94	0,932	0,925	0,92	0,913	0,905	0,896	0,89	0,88	0,866
v	1,7 5,82	6,91	7,96	9,96	13,7	15,7	21,2	27,7	38,4	52,6
G_{st} ..... kg/h	10360 10360	10360	10360	10360	10360	10360	10360	10360	10360	10360
G_{sec} ..... kg/s	2,88 2,88	2,88	2,88	2,88	2,88	2,88	2,88	2,88	2,88	2,88
$F = \dfrac{G_{sec}\cdot v}{c_1}\cdot 10^6$ mm	45700 79500	110800	129000	157000	200000	221000	279000	327000	414000	467000
b_2/t	0,25 0,32	0,42	0,42	0,42	0,475	0,475	0,525	0,55	0,6	0,63
l ...... mm	70 95 / 83	99	113	135	149	161	181	198	227	240

Projektrechnung für die 18 Überdruckstufen. Auf Grund der Orientierungsrechnung ist für die erste Stufe $c_0/u = 1,2$ und für die letzte $c_0/u = 2,2$; der Durchmesser der ersten Gruppen = demjenigen der ersten Stufe aus der Orientierungsrechnung im Wert von 840 mm; da die voraussichtliche Schaufellänge zu 84 mm bestimmt wurde, so entspricht dies einem Trommeldurchmesser von rd. 840 — 84 = 760 mm; der Durchmesser der letzten Stufe ist auf Grund der Orientierungsrechnung = 1000 mm und die voraussichtliche Schaufellänge = 253 mm; das entspricht einem Trommeldurchmesser von 950 — 253 = rd. 750 mm; mit Rücksicht auf eine billige Konstruktion streben wir eine glatte Trommel an und wählen daher einen für alle Stufen gleichen Durchmesser von 750 mm; damit erhalten wir im Zusammenhang mit der angenommenen Linie für die Schaufellängenwerte l die in der Tabelle VII und in Abb. 44 angetragenen Werte D für die verschiedenen Stufen; da am Anfang das spezifische Dampfvolumen noch nicht so stark zunimmt, sind die ersten 9 Stufen zu einer Gruppe von gleichen Schaufellängen zusammengefaßt worden. Zu den ebenfalls aus der Orientierungsrechnung bekannten Werten tg α und c_0/u folgen aus der Tabelle VII die Stufengefälle $h_{ad\,100}$; hieraus wiederum ergeben sich die Werte $h_{ad\,Stufe}$, deren Summe ungefähr gleich dem gesamten adiabatischen Gefälle einschließlich Wiederverdampfung sein muß; wir müssen nun durch Probieren die c_0/u-Linie so oft ändern,

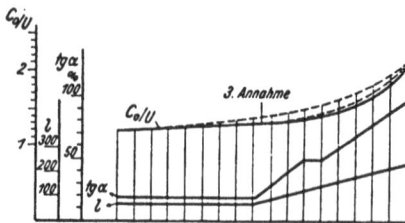

Abb. 44. c_0/u-Linie und Gefällsverteilung.

bis die Summe $h_{ad\,St}$ ungefähr gleich dem für sämtliche Überdruckstufen zur Verfügung stehenden Gesamtgefälle von 130 kcal ist; analog dem spezifischen Dampfvolumen muß auch die c_0/u-Linie erst gegen das Vakuumgebiet zu stärker anwachsen; in Abb. 44 wurde mit der dritten Annahme eine brauchbare c_0/u-Linie gefunden. Nunmehr haben wir genügend Anhaltspunkte für die Durchführung der eigentlichen Projektrechnung (Tabelle IX, S. 63). Als Zustandslinie wurde für die Projektrechnung die bereits bei der Überschlagsrechnung in das JS-Diagramm eingezeichnete Zustandslinie verwendet. Wir entnehmen der Tabelle VII und der Abb. 44 die voraussichtlichen Schaufellängen und mittleren Schaufelkreisdurchmesser, sowie die der Gefällsverteilung entsprechenden Stufen- und Gruppengefälle; dabei haben wir in der ersten Gruppe entsprechend den früheren Ausführungen auf die erste Stufe ein unter dem Mittelwert und auf die letzte ein um den gleichen Betrag über dem Mittelwert liegendes Stufengefälle genommen. In der letzten Stufe muß das Gefälle dem JS-Diagramm selbst entnommen werden; dasselbe kann nur ungefähr mit dem Wert der Tabelle VII übereinstimmen, da ja in letzterer nur mit einem geschätzten Prozentsatz für die Wiederverdampfung gearbeitet wurde; das Gefälle 13,8 der letzten Stufe stimmt allerdings zufällig ziemlich genau mit dem Wert 14 der Tabelle VII überein. Die Werte tg α der Projektrechnung weichen zum Teil von den Werten der Abb. 44 ab, um tatsächlich ein gleichmäßiges Anwachsen der Schaufellängen zu erzielen. Die Ergebnisse der Projektrechnung bringt man am besten in einer Skizze zum Ausdruck, die nur den Schaufelplan maßstäblich darstellt, etwa in der Weise, wie dies in der Schnittabb. 36 der Fall ist, nur in größerem Maßstab; das Schnittbild gleicht nämlich der in der Rechnung behandelten Maschine. Das Berechnungsverfahren bleibt grundsätzlich das gleiche, ob nun mehrere Stufen zu Gruppen gleicher Länge zusammengefaßt werden, oder ob man die Schaufellängen stetig anwachsen läßt, oder ob man schließlich der Trommel einen unveränderlichen Durchmesser oder einen abnehmenden Durchmesser erteilt; es ist auch grundsätzlich gleich, ob sämtliche Stufen in einem einzigen Gehäuse oder in zweien untergebracht werden.

Man kann gewisse Schönheitsfehler dieses ersten Entwurfes zum Verschwinden bringen, indem man die Projektrechnung ein zweites Mal durchführt; der Dampfverbrauch wird dadurch nicht mehr geändert werden; um den endgültigen Dampfverbrauch zu finden, müssen wir noch die sog. mechanischen Verluste berechnen.

Ermittlung der sog. mechanischen Verluste.

Lagerreibung. $N = 30$ PS nach Formel S. 21.

Außenstopfbüchsenverlust: $G = 300$ kg/h nach Formel S. 22[1]).

Nunmehr kann die Tabelle X und XI zur Ermittlung der Außenstopfbüchsen- und Spaltverluste in den einzelnen Stufen aufgestellt werden:

Tabelle X.
Außen- und Zwischenstopfbüchsenverlust in den Gleichdruckrädern.
(= A. Sto. + Zw. Sto.)
$$Z_{Zw} = d \cdot \pi \cdot s = 400 \cdot \pi \cdot 0,4 \text{ mm}^2 = 501 \text{ mm}^2;$$

Stufe Nr.	1	2	3	4	5	6	7
F_{Zw}/F . . . . %	0,8	0,7	0,6	0,5	0,4	0,35	0,3
A. Sto. . . . . kg/h	300	300	300	300	300	300	300
» . . . . %	3	3	3	3	3	3	3
Zw. Sto. + A. Sto. . . . . %	3,8	3,7	3,6	3,5	3,4	3,35	3,3
» . . . . . . PS	4,5	4,3	4,3	4,2	4,1	4	4
» . . . . . . PS			29,1	rund	29,0		
h abz. A. Sto. + Zw. Sto. in mm . .	13,1	15,4	18	21,3	25,3	30	35,2

Tabelle XI.
Außenstopfbüchsen- und Spaltverlust in den 18 Überdruckstufen.

Stufe Nr.	1—9		10	11	12	13	14	15	16	17	18
η_i	89,9	87,6	87,2	87,3	87,4	86,3	85,9	85	83,8	82,2	80,5
h_i mittel . . . kcal	47,8		5,93	5,85	5,67	6,04	6,44	6,88	7,96	8,48	11,1
N_i . . . . . PS$_i$	784,0		97,2	96,0	93,0	99,0	105,5	113,0	130,5	139,0	181,8
ΣN_i . . . . . PS$_i$						1839,0					
Spalt-verlust $\begin{cases} s \dots \text{mm} \\ F_{Sp.} = D\pi s \text{ mm}^2 \\ F_{Sp.}/F \ \% \\ \text{mittel} \end{cases}$											
s . . . . . mm	0,4		0,45	0,45	0,45	0,45	0,5	0,5	0,5	0,5	0,5
$F_{Sp.} = D\pi s$ mm²	1040		1200	1220	1240	1270	1440	1470	1500	1510	1550
$F_{Sp.}/F$ % mittel	2,3	1,3	1,1	1	0,8	0,6	0,6	0,5	0,5	0,4	0,3
	1.8										
A. Sto. + Sp. . . %	4,7		4	3,9	3,7	3,5	3,5	3,4	3,4	3,3	3,2
l abz. A. Sto. + Sp. mm	79		95	109	130	144	156	175	192	220	232
A. Sto. + Sp. . PS	36,8		3,9	3,7	3,5	3,5	3,7	3,9	4,5	4,6	5,8
Σ A. Sto. + Sp. PS						73,9 ∼ 74					

---

[1]) Man kann aber mit guten Stopfbüchsen wesentlich kleinere Werte erreichen.

Ventilationsverlust $= 50$ PS für die Maschine.

Austrittsverlust $= A \cdot \dfrac{c_2^2}{2 \cdot g}$ kcal $= 7{,}48$ kcal (c_2 folgt aus dem Geschwindigkeitsdreieck der letzten Stufe) $= \dfrac{10360 \cdot 0{,}967 \cdot 7{,}48}{632} = 118$ PS.

Die Multiplikation mit $0{,}967$ erfolgt deshalb, weil ja in der letzten Stufe tatsächlich nicht die ganze Dampfmenge 10360 kg/h arbeitet, sondern wegen des Außenstopfbüchsen- $+$ Spaltverlustes von insgesamt $3{,}2\%$ nur $(1 - 0{,}032) \cdot 10360$ kg/h $= 0{,}968 \cdot 10360$ kg/h.

Ziehen wir von $\Sigma\,\mathrm{PS_i}$ die einzelnen Verluste (Lagerreibung, Ventilationsverlust, Austrittsverlust, Spaltverlust) ab, so bleibt die wirkliche Leistung von 3373 $\mathrm{PS_e}$ übrig. Damit folgt der berechnete Dampfverbrauch zu $D_e = \dfrac{10360}{3373} = 3{,}07$ kg/$\mathrm{PS_e}$ ($e =$ effektiv); es war nach S. 58 $D_{e\,\text{voraussichtlich}} = 3{,}24$ kg/$\mathrm{PS_e}$; aus diesen beiden Werten folgt der endgültige Dampfverbrauch

$$D_e = 3{,}07 + \frac{3{,}24 - 3{,}0}{3} = 3{,}12 \text{ kg/PSh}$$

(nämlich um ein Drittel der Differenz näher am berechneten). Wenn der berechnete und der voraussichtliche Dampfverbrauch zu sehr voneinander abweichen, dann ist natürlich der so ermittelte endgültige Dampfverbrauch nicht allzu zuverlässig, so daß es sich empfiehlt, die Rechnung zu wiederholen.

Nun müßten wir noch dieses beachten: Die Wirkungsgrade für die Zustandsänderungen, die im Heißdampfgebiet verlaufen, weisen etwas bessere Werte auf als die Kurvenwerte; das Umgekehrte gilt für das Naßdampfgebiet; im vorliegenden Fall verläuft die Zustandslinie halb im Heißdampf- und halb im Naßdampfgebiet, so daß beide Einflüsse sich ungefähr aufheben. Die η_i-Werte für die Gleichdruckstufen sind in Wirklichkeit besser als die verwendeten Kurvenwerte; denn die letzteren wurden ja noch unter der Voraussetzung entworfen, daß die Austrittsenergie jeder Stufe vollkommen verloren sei, was in Wirklichkeit aber nicht der Fall ist; außerdem sind diese η_i-Werte auch noch deshalb günstiger, weil bei den mäßigen Dampfgeschwindigkeiten der vorliegenden Maschine die Zahlen φ und ψ besser als $0{,}95$ bzw. $0{,}88$ sein dürften. Schließlich muß noch darauf hingewiesen werden, daß an den Übergangsstellen von Stufen oder Stufengruppen kleinerer Schaufellängen zu solchen größerer Schaufellängen ein gewisser Übergangsverlust in Frage käme.

NB. Es möge noch darauf aufmerksam gemacht werden, daß die vorliegende Lösung, wie jede andere, nur eine aus vielen darstellen kann;

so wäre es z. B. möglich gewesen, die Gleichdruckstufen mit dem mittleren Düsenkreisdurchmesser des C-Rades auszustatten; selbstverständlich hätten wir dann in einer Reihe von Stufen mit teilweiser Beaufschlagung arbeiten müssen. Oder wir hätten weniger Gleichdruckstufen und dafür mehrere Überdruckstufen wählen können oder auch umgekehrt. Daß ferner an Stelle von einem Gehäuse deren zwei hätten gewählt werden können, wurde schon erwähnt.

β) Abdampfturbinen nur aus Überdruckstufen bestehend.

Berechnung einer Abdampfturbine. Für diese hat man eigentlich schon immer nur Überdruckstufen verwendet. Bei einer Berechnung könnte man wie im vorigen Beispiel von einem bestimmten Wert Σu^2 ausgehen, wenn man die üblichen Grenzen hierfür kennt; andernfalls kommt man natürlich ebenso zum Ziel, wenn man die Kennzahl c_0/u als Richtschnur wählt. Dieser letztere Weg soll der Abwechslung wegen an einem Beispiel gezeigt werden. Wir benutzen für dieses Beispiel die in Abb. 32 dargestellten Wirkungsgradkurven für Überdruckstufen mit einem Wert $\varphi = 0.9$.

Beispiel: Es steht eine Abdampfmenge von 12000 kg/h ($G_{sec} = 3.33$ kg/s) zur Verfügung mit einem Druck von 0,8 ata und 3% Nässe vor der Maschine. Die Kondensationsanlage liefert ein Vakuum von 96,5%; $n = 3000$/min verlangt.

Lösung: Wir müssen hier schon bei der ersten Stufe mit einem verhältnismäßig großen c_0/u-Wert und auch einem größeren Wert für tg a beginnen, weil wir sonst wegen des großen spezifischen Dampfvolumens, das hier schon in der ersten Stufe vorhanden ist, den dadurch bedingten großen Schaufelquerschnitt konstruktiv nicht unterbringen. (Eine Abdampfturbine ist eben gleichsam nichts anderes als der letzte Teil einer Frischdampfturbine.) Um einige Anhaltspunkte für die auszuführenden c_0/u-Werte zu gewinnen, führen wir zunächst eine Überschlagsrechnung für die erste und letzte Stufe durch; dabei müssen wir eine ungefähre Zustandslinie zwecks Ermittlung der spezifischen Dampfvolumina annehmen; wir zeichnen diese Zustandslinie mit einem geschätzten Wert $\eta_i = 0.86$ ein.

Erste Stufe: Wir treffen nunmehr einige willkürliche Annahmen; aus denselben werden sich schließlich die Schaufellängen und der Trommeldurchmesser ergeben; stellen die letzteren konstruktiv brauchbare Werte dar, dann können auch obige Annahmen beibehalten werden.

Angenommen $c_0/u = 2.4$; tg $a = 45\%$; dann wird das Einzelgefälle entsprechend einer Umfangsgeschwindigkeit von 100 m/s $\Delta h = 9.1$ kcal nach den Kurven der Abb. 39.

5*

Tabelle XII.

Nr.	Angenommen		Berechnet	l mm	c_0 m/s
	u m/s	$D = \dfrac{60\,u}{3000 \cdot \pi}$ mm			
1	100	638	—	240 zu groß
2	90	573	—.	—
3	80	510	—	—
4	70	447	89	168
5	60	382	—	—
6	50	318	169 zu groß	120

Wählen wir aus den verschiedenen „u"-Werten der obigen Tabelle zunächst einen mittleren Fall $u = 70$ m/s; wirkliche Einzelgefälle $\Delta h = \left(\dfrac{70}{100}\right)^2 \cdot 9{,}1 = 4{,}46$ kcal; $c_0 = \dfrac{c_0}{u} \cdot u = 2{,}4 \cdot 70 = 168$; $c_1 = 160$ m/s $p = 0{,}71$ ata aus J-S-Diagramm; $v = 0{,}966 \cdot 2{,}372 = 2{,}29$ m³/kg; $F = \dfrac{3{,}33 \cdot 2{,}29}{160} = 0{,}0477 \cdot 10^6$ mm²; $b_2/t = 0{,}38$ (bei tg $a = 45\%$); Schaufellänge $l = \dfrac{47700}{447\,\pi \cdot 0{,}38} = \sim 89$ mm.

In derselben Weise berechnen wir für den Fall $u = 50$ die Werte $l = 169$ und $c_0 = 120$; schließlich bestimmen wir noch für den Fall $u = 100$ m/s den Wert $c_0 = 240$ m/s. Dann sehen wir, daß die Fälle 1 und 6 ohne weiteres ausscheiden und daß wir gut tun, uns auf den Fall 4 festzulegen. Für diesen wird der Trommel-$\phi = 447 - 89 = \sim 350$ mm.

Letzte Stufe. Angenommen: $c_0/u = 4$ und tg $a = 110\%$; auch diese willkürlichen Annahmen können nur dann bestehen bleiben, wenn die daraus folgenden Konstruktionsmaße für Trommeldurchmesser und Schaufellänge brauchbar sind und wenn ferner der Austrittsverlust nicht zu groß wird. Den Annahmen zufolge ergibt sich ähnlich wie bei der ersten Stufe das Einzelgefälle entsprechend einer Umfangsgeschwindigkeit $u = 100$ m/s zu $\Delta h = 13{,}3$; wir berechnen wieder wie oben bei verschiedenen Annahmen für „u" die zugehörigen Werte D, l und c_0.

Erste Annahme $u = 100$ m/s;
wirkl. Einzelgefälle $\Delta h = 13{,}3$; $D = 638$;
$$c_0 = \frac{c_0}{u} \cdot u = 4 \cdot 100 = 400; \quad p = 0{,}035 \text{ (Enddruck der Maschine)};$$
$$v = 0{,}875 \cdot 43{,}56 = 38{,}1; \quad G_{sec} = 3{,}33;$$
$$F = \frac{3{,}33 \cdot 38{,}1}{0{,}9 \cdot 400} = 0{,}353 \text{ m}^2; \quad b_2/t = 0{,}63 \text{ (bei } 110^0/_0);$$
$$l = \frac{353000}{638\,\pi \cdot 0{,}63} \text{ mm} = 280 \text{ mm};$$

Diese eine Annahme liefert bereits konstruktiv brauchbare Verhältnisse; auf Grund dieser ersten Ergebnisse beginnt man bereits mit dem Aufzeichnen des Schaufelplanes, der ähnlich dem der Abb. 38 (Mitteldruckturbine) ausfallen wird. Wir teilen die gesamte Stufenzahl in einige Gruppen gleicher Länge.

Überschlagsrechnung. Wir müssen nun, um die Stufenzahl kennenzulernen, und um ferner die Gefällsverteilung vornehmen zu können, eine Überschlagsrechnung durchführen.

$h_{ad} = 1,08 \cdot 98,5 = 107$ kcal für die ganze Maschine (dabei Wiederverdampfung zu 8% geschätzt). Nach unserer Skizze dürfen wir mit einem mittleren Schaufelkreisdurchmesser von etwa $D = 540$ mm rechnen. Der Mittelwert c_0/u für sämtliche Stufen dürfte etwa bei 2,7 liegen (jedenfalls näher bei dem Wert der ersten Stufe). Nehmen wir nun noch einen mittleren Winkelwert tg $\alpha = 60\%$ an, dann folgt aus den Gefällskurven das Einzelgefälle bei $u = 100$ m/s zu $h_{ad\,100} = 10$ kcal. Nun entspricht aber dem obigen Durchmesser eine wirkliche Umfangsgeschwindigkeit $u = \dfrac{540 \cdot 3000}{60} = 85$ m/s und das hierzu gehörige Einzelgefälle $h_{ad\,St} = \left(\dfrac{85}{100}\right)^2 \cdot 10 = 7,2$ kcal. Damit finden wir die gesuchte Stufenzahl $= \dfrac{107}{7,2} =$ rd. 15 Stufen. Diese 15 Stufen unterteilen wir nun in mehrere Gruppen von je gleicher Schaufellänge. Die Unterteilung ist aus nachstehender Tabelle XIII ersichtlich, die wir zur Orientierung über die Gefällsverteilung aufstellen. In dieser Tabelle finden wir ferner die mittleren Schaufelkreisdurchmesser, deren voraussichtlichen Werte wir unserer Skizze entnehmen; die Werte für c_0/u und tg α für die erste und letzte Stufe kennen wir bereits auf Grund der Orientierungsrechnung für diese Stufen; wir können daher die Zwischenwerte ebenfalls leicht schätzen. Im Anschluß hieran führt man die Projektrechnung (Tabelle XIV) nach den schon früher gegebenen Richtlinien durch.

Tabelle XIII.
Gefällsverteilung.

Gruppe . . . . Nr.	I	II	III	IV	V
Stufenzahl z	5	4	4	2	1
Mittl. Schaufelkreis ϕ . . . mm	447	495	540	590	638
Mittl. Umfangsgeschw. u . m/s	70	78	85	93	100
c_0/u	2,4	2,5	2,8	3,0	4
tg α . . . . %	45	45	50	70	110
$h_{ad\,100}$ . . . . kcal	9,2	9,4	10,9	11	14
$h_{ad\,Stufe}$ . . . . »	4,5	5,8	7,85	9,5	14
Gruppengefälle . . . . »	22,5	23,2	31,4	19,0	14,0
Σ-Gruppengefälle . . . . . »	22,5	45,7	77,1	96,1	110,1

Wir müßten eigentlich auf ein $\Sigma h_{ad\,St} = 107$ anstatt 110,1 kommen; diesen Fehler gleichen wir aber erst in der Projektrechnung aus, da wir ja vorerst noch gar nicht wissen, ob die geschätzte Zahl von 8% für die Wiederverdampfung, auf Grund deren wir das Gesamtgefälle von 107 errechneten, auch wirklich stimmt.

Tabelle XIV.
Projektrechnung.

Stufenzahl γ	5	4	2	2	1
D . . . . mm	447	495	540	590	638
u . . . . m/s	70	78	85	93	100
Gruppengefälle . . . . . kcal	22	23	23	19	13,8
$h_{ad\,Stufe}$. (1.—letzte Stufe) »	3,2 / 5,6	4,2 / 7,3	7 / 16	5,5 / 13,5	13,8
$h_{ad\,100}$ . . . . »	6,5 / 11,4	6,9 / 12	9,7 / 22	6,3 / 15,5	13,8
tg α . . . . %	45 / 45	45 / 45	50 / 50	90 / 90	110
c_0/u . . . . %	1,95 / 2,9	2,05 / 2,95	2,55 / 4,7	2,2 / 4,05	4
η_i . . . . %	86 / 83	85,5 / 82,5	84 / 76	81,5 / 75	72,5
$\eta_i\,mittel$ . . . . %	84,5	84	80	78	72,5
h_i . . . . kcal	18,5	19,3	18,4	14,8	10
p . . . . ata	0,73 / 0,45	0,4 / 0,23	0,18 / 0,098	0,086 / 0,052	0,035
x	0,966 / 0,949	0,943 / 0,927	0,92 / 0,908	0,902 / 0,893	0,882
v_g . . (trocken gesättigt) m³/kg	2,31 / 3,64	4,06 / 6,84	8,6 / 15,22	17,22 / 27,75	43,56
$v = x \cdot v_g$ . . . . »	2,23 / 3,44	3,83 / 6,34	7,9 / 13,8	15,5 / 24,8	38,4
G_{sec} . . . . kg/s	3,33	3,33	3,33	3,33	3,33
c_0 . . . . m/s	136 / 203	160 / 230	217 / 400	204 / 376	400
c_1 . . . . »	129 / 193	152 / 219	206 / 380	195 / 356	380
$F = \dfrac{G \cdot v}{c_1} \cdot 10^6$ . . . . . mm²	57500 / 59500	84000 / 96000	127500 / 120000	265000 / 232000	336000
b_2/t	0,38 / 0,38	0,38 / 0,38	0,39 / 0,39	0,59 / 0,59	0,63
l . . . . mm	108 / 111	142 / 162	193 / 181	242 / 212	266
l_{mittel} . . . . mm	109	152	187	227	266

Wir wollen bei dieser Gelegenheit auch die Größe des Abdampfbogens rechnerisch bestimmen; an jeder Strömungsstelle ergibt sich zufolge der Stetigkeitsgleichung der durchströmte Querschnitt $F = \dfrac{G_{sec} \cdot v}{c}$; da durch manche Querschnitte nur ein Teil der Gesamtdampfmenge strömt, so muß diese Teilmenge durch Überlegung oder Schätzung zuvor bestimmt werden. Im vorliegenden Fall ist am Eintritt: $G_{sec} = 3,33$ kg/s; $v = 0,97 \cdot 2,12 = 2,06$; $c \sim 30$ m/s (üblicher Wert in Leitungen); dann benötigt der Eintrittsstutzen einen Querschnitt $F = \dfrac{3,33 \cdot 2,06}{30} = 0,228$ m².

Am Austritt gilt dieses: der Dampf verläßt den letzten Schaufelkranz am ganzen Umfang; davon geht schätzungsweise die Hälfte unmittelbar durch den Abdampfbogen zum Kondensator; die übrige Hälfte strömt in dem oberen Ringkanal nach beiden Umfangsrichtungen, um sich im Abdampfbogen mit der übrigen Dampfmenge zu vereinigen; wir berechnen daher den mittleren Ringkanalquerschnitt für $\dfrac{G}{8}$ und $c \sim 100 - 120$ m/s, dagegen den Abdampfbogenquerschnitt für die volle Dampfmenge G und $c = 100 \div 120$ m/s, also zu $F = \dfrac{3,33 \cdot 38,4}{120} = 1,06$ m²; diese große Fläche kann nur durch Ausführung eines Zwillingsstutzens verwirklicht werden.

8. Richtlinien für die Konstruktion der wichtigsten Einzelteile.

Wie bei jeder Konstruktion, so gilt auch hier als oberster Grundsatz: Stets da mit dem Konstruieren beginnen, wo es die größten Schwierigkeiten zu überwinden gilt! Sodann ist das Augenmerk darauf zu richten, tote Ecken nach Möglichkeit zu vermeiden, weil sie nur Anlaß zu energieverzehrenden Wirbelbildungen sind; bei Stufenübergängen ferner sollen die Düsen- und Schaufellängen nie sprunghaft anwachsen; vielmehr soll der gesamte Stufenplan eine allmähliche Zunahme der Schaufellängen aufweisen; auch alle übrigen Querschnittsformen sollen sich allmählich erweitern bzw. verengen, damit die Strömungsenergie des Dampfes nicht durch Übergangsverluste geschwächt wird. Zwecks Versteifung von gegossenen Konstruktionsteilen soll man die früher so häufig angewandten dünnwandigen Rippen möglichst vermeiden, weil Rippen naturgemäß viel rascher erkalten als der Hauptteil und damit schädliche Materialspannungen veranlassen; die nötige Widerstandsfähigkeit läßt sich auch mit anderen Mitteln erzielen, sei es durch entsprechende Auswahl des Materials, der Abmessungen und der Formgebung sowie durch etwaigen Einbau von Versteifungsankern. Kommt es z. B. auf das Gewicht nicht an, dann kann man ebene und demzufolge billigere Wände von großer Dicke vorsehen; soll hiergegen an Gewicht gespart werden, dann kann man z. B. kegelförmige oder auch kugelförmige, aber dementsprechend teurere Wände von geringer Wandstärke vorsehen. Für den Zusammenbau einzelner Teile kommen teils lösbare, teils unlösbare Verbindungen in Frage. Je nach den Anforderungen betriebstechnischer, thermodynamischer und wirtschaft-

licher Art unterteilt man einerseits in möglichst viele kleine Einzelbau-
teile, während man anderseits im Gegensatz hierzu oft die größten und
kompliziertesten Stücke aus dem vollen herstellt. Diese verschiedenen
Möglichkeiten werden an nachstehenden Beispielen gezeigt:

a) Beim Rotor.

Laufscheiben und Trommeln. Bei kleinen Durchmessern
werden die Scheiben aus dem vollen heraus gedreht, und an die Stelle
der Hohltrommel setzt man die verdickte Welle (Abb. 42); die Verbindung der Scheibe mit der Welle kann geschehen mittels Keil und
achsialer Sicherung durch aufgeschraubte Ringmutter oder auch mittels
Schrumpfring; dieser kann in einer Nut sitzen oder es wird in die Nut
ein geteilter Ring eingelegt und ein Schrumpfring darüber geschoben;
manche Firmen setzen die Scheibe auf Paßringe; dieselben werden auf
die Welle aufgepreßt und die Scheiben sitzen unmittelbar auf den Paß-
ringen; in diesem Fall kann zwischen Scheibe und Welle ein Spiel gelassen werden; bei kleineren Ausführungen sitzt das Rad bisweilen auf
einer konischen Büchse. B.B.C. & Cie. verwendet für die Befestigung
der Scheiben auf der Welle die in
Abb. 45 gezeigten elastischen Ringe,
welche durch ihre Elastizität die
Schrumpfwirkung ersetzen, ohne die
Gefahr eines Krummziehens der Welle
mit sich zu bringen. Hohltrommeln
kann man am kälteren Niederdruck-
ende durch Schrumpfung mit dem
Wellenstumpf verbinden (Abb. 35);
der Wellenstumpf wird ebenfalls aus
dem vollen herausgearbeitet, und zwar

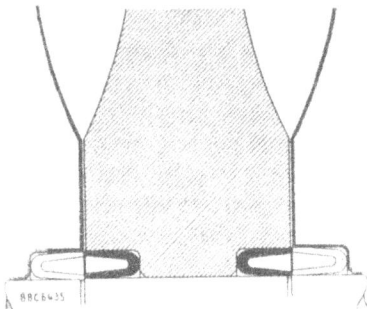

Abb. 45. Befestigung der Scheiben mit
elastischen Ringen.

aus dem Rohling von kleinerem Durchmesser, der alsdann gelocht und über
einem Dorn geschmiedet werden muß. Einige Stifte am Umfang sollen
ein Verdrehen der Schrumpfteile gegeneinander verhindern. Grundsätzlich gilt für eine gute Schrumpfverbindung, daß die so verbundenen
Teile wie ein Ganzes wirken, d. h. bei der Ermittlung der kritischen Drehzahl ist mit dem Querschnittsträgheitsmoment des Ganzen zu rechnen.
Scheiben und Trommel werden mittels Flanschen und Schrauben mit-
einander vereinigt, wobei die Bolzen bisweilen eingeschliffen werden;
dies schafft einen guten Temperaturausgleich. Zur Sicherung gegen
Lösen der Muttern kann man den Bolzen in der Mutter vernieten.

b) Beim Stator.

Gehäuse, Rahmen, Hauptdüsen. Das Gehäuse, im höheren
Druckgebiet aus Stahlguß, sonst aus Gußeisen, soll den Rotor als mög-

lichst zylinderförmiger Körper umschließen. Analog dem Trommelrotor, wo man schon von jeher durch Bohrungen in demselben für einen Temperaturausgleich gesorgt hat, wird bei den Gehäusen durch Einsatzbüchsen ebenfalls für einen gewissen Temperaturausgleich Sorge getragen (Abb. 36/42). Die Lagerung des Gehäuses erfolgt in der Regel auf einem geschlossenen Grundrahmen. Das Gehäuse sitzt meist mit seitlich angegossenen Füßen auf dem Rahmen und ist außerdem durch Verbindungsschienen mit den Hochdruck- und Niederdrucklager-Böcken verbunden, welch letztere ebenfalls auf dem Rahmen sitzen. Das Innere des Rahmens wird gewöhnlich als Ölbehälter ausgenutzt.

Bei sehr großen Gehäusen aber sind die meisten Firmen zur grundplattenlosen Lagerung übergegangen, bei der das Gehäuse links und rechts mittels halbkreisförmiger Flanschen an den Lagerständern aufgehängt wird. Dadurch kann sich das Gehäuse nicht nur achsial, sondern nach allen Richtungen hin frei ausdehnen; auch der Hochdrucklagerständer sitzt auf seinem Grundrahmen (Gleitrahmen) achsial verschiebbar auf, während der Niederdrucklagerständer festgehalten ist. Am Hochdruckende ist für die Aufhängung ein von einem kälteren Teil des Gehäuses kommender Flansch ausgebildet, weil der Hochdruckteil selbst zu heiß ist.

In unmittelbarem Zusammenhang mit dem Gehäuse stehen die Hauptdüsen, das sind die Düsen der ersten Stufe. Bei der Konstruktion der Abb. 6 wird das Düsensegment mittels Stiftschrauben am Gehäuse befestigt; in Abb. 36 sind die Düsensegmente an einem sog. Düsenkasten befestigt; der Düsenkasten wird radial eingeführt, und außerdem trägt der Kasten nicht nur das Düsensegment, sondern zugleich das Umlenkschaufelsegment des Curtisrades. In der Regel bestehen die Hauptdüsen aus mehreren einzelnen Segmenten, die man von Hand oder automatisch zu- oder abschaltet, je nachdem ob Teillasten, Vollast oder Überlast gefahren werden soll.

Lager. Das alte Gleitlager findet auch heute noch weitgehendste Verwendung. Beim Konstruieren entwickelt sich das Ganze von innen heraus gleichsam von selbst; die Zapfenabmessungen berechnet man in der üblichen Weise. Die Erwärmung des Lagers infolge der großen Geschwindigkeit des Zapfens soll nicht über Handwärme hinausgehen. Dies erreicht man heute durch die Preßölschmierung und Kühlung. Der spezifische Flächendruck p kg/cm² soll 3 bis 6 kg/cm² nicht überschreiten. Bezeichnen wir nun noch die Zapfenumfangsgeschwindigkeit mit „v" m/s, dann sagt eine altbewährte Faustformel, daß bei $p \cdot v = 30$ bis 60 das Lager in Ordnung geht. (Dabei sind p und v mit obigen Dimensionen einzusetzen.) In letzter Zeit werden auch die Blocklager oder Klotzlager immer mehr verwendet, und zwar sowohl als Trag- wie als Achsialdrucklager; die Vorteile des Blocklagers zur Aufnahme von Achsialdrücken sind deshalb so groß, weil an Stelle der früheren vielen Druckringe deren nur noch ein einziger benötigt wird. Und selbst dieser eine Ring gestattet die Zulassung so hoher Achsialdrücke, daß der Ausgleichkolben meist weggelassen werden kann. Der zulässige spezifische Flächendruck zwischen zwei Tragflächen kann sehr gesteigert werden, wenn eine ununterbrochene Ölschicht zwischen denselben gehalten werden kann. Dies wird dadurch möglich, daß die Flächen gegen-

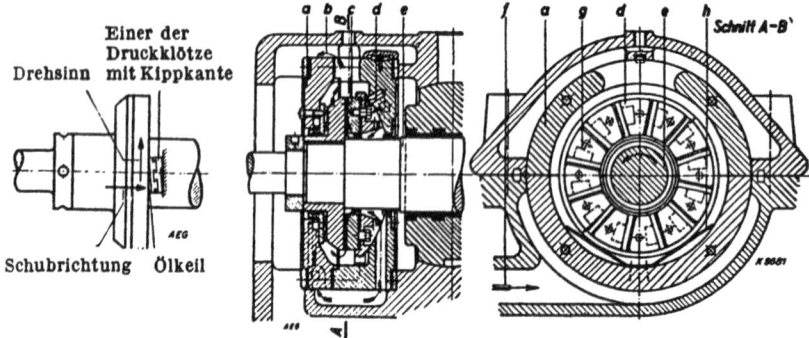

Abb. 46. Einringklotzlager für eine Schubrichtung. Der Ölkeil zwischen dem Laufring und der geneigten Fläche der Druckklötze nimmt den hohen Druck der Schubkraft auf.
a = Drucklagergehäuse, b = Ölabfluß, c = Laufring, d = Druckklotz, e = Welle, f = Ölzufluß, g = Kippkante, h = Stützfeder.

einander geneigt werden; der Druckring wird in 8 bis 12 Segment-Druckklötze aufgeteilt, die sich bei der Bewegung des Laufringes so neigen, daß sich in dem nur einige Hundertstel Millimeter betragenden Spalt infolge einer Pumpwirkung ein ununterbrochener Ölkeil ausbildet, der einen Flächendruck bis zu 30 kg/cm² bei 60 m/s mittlerer Umfangsgeschwindigkeit, auf Klotzmitte bezogen, zuläßt (Abb. 46); auch der Reibungskoeffizient ist bedeutend kleiner, und zwar nach Dr. Krafft etwa $^1/_{20}$ der bisherigen Werte.

9. Entwurf der Überdruck-, Laufschaufel- und Füllstückprofile.
(Abb. 47.)

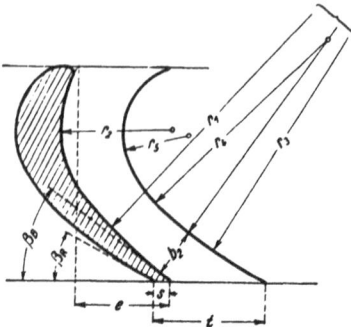

Abb. 47. Überdruckschaufelprofil.

Beim Entwurf kann etwa in dieser praktischen Weise vorgegangen werden: Antragen des angenommenen Wertes $s = 2 \div 4$ mm und der vorgeschriebenen Austrittswinkel β_R und β_B für Rücken und Brust; nunmehr die Teilung $t = 0,5 \div 0,6 \cdot b$ annehmen und antragen, ferner $c \geq 0,4 \cdot b$ machen; die vorgeschriebenen Eintrittswinkel für Rücken und Brust antragen; an der Austrittsstelle eine kleine Parallelführung vorsehen, damit das aus der Zeichnung sich ergebende Maß, die Austrittsbreite b_2 und die Richtung β tatsächlich vorhanden sind. Den weiteren Verlauf der Kanalwand für die Schaufelbrust von Hand einzeichnen und nachher durch den Kreisbogen vom Radius r_1 und r_2 ersetzen. Nunmehr eine gestrichelte Linie für eine konstant gedachte Kanalbreite b_2 einzeichnen; da aber in Wirklichkeit die Kanalbreite von der Eintrittsseite nach der Austrittsseite hin abnehmen muß, kann jetzt in Anlehnung an die gestrichelte Linie leicht die wirkliche Linie für den Schaufelrücken von Hand eingezeichnet werden, um sie nachher ebenfalls durch einen Kreisbogen vom Radius r_3, r_4, r_5 zu ersetzen.

10 Festigkeitsberechnung der wichtigsten Turbinenteile.

a) Schaufeln und Scheiben.

Berechnung der Schaufeln auf Biegung und Zug. An den Schaufeln greifen folgende Kräfte an: Die bereits S. 20 bestimmte Umfangskraft $P = m_s \cdot f$, welche nichts anderes ist als die Tangentialkomponente des gesamten Umlenkungsdruckes (Abb. 16), ferner die Achsialkomponente P_a des Umlenkungsdruckes; in gleicher Richtung wie P_a wirkt bei Überdruckschaufeln ($p_1 > p_2$) der Druck $P_{\ddot{u}} = (p_1 - p_2) \cdot$ $\cdot t \cdot l$ pro Schaufel, wenn „l" = Schaufellänge und „t" = Schaufelteilung bedeuten. Schließlich greift bei allen rotierenden Schaufeln noch die Fliehkraft C an. Im folgenden werden jedoch P_a und $P_{\ddot{u}}$ ihres geringen Einflusses wegen vernachlässigt. P wird als gleichmäßig über die ganze Schaufellänge verteilt angesehen; die Kraft P beansprucht die Schaufel auf Biegung; fällt aber der Angriffspunkt von P nicht mit dem Schaufelschwerpunkt zusammen, so kommt zu dem Biegungsmoment noch ein Verdrehungsmoment hinzu, welches aber wegen der geringen Abweichung zwischen Angriffspunkt und Schwerpunkt außer acht gelassen wird. Zur Zugbeanspruchung durch C kommt ferner noch ein Biegungsmoment dann hinzu, wenn Schaufelschwerpunkt und Schaufelfußschwerpunkt nicht zusammenfallen. Diese Exzentrizität ist aber so klein, daß auch dieses Biegungsmoment nicht in Frage kommt; unter diesen vereinfachenden Voraussetzungen gestaltet sich die Festigkeitsberechnung so:

P kg $= m_s f =$ Umfangskraft, welche sich auf alle von der Dampfmenge G beaufschlagten Schaufeln verteilt.

$z =$ Anzahl der beaufschlagten Schaufeln.

$P/z =$ Umfangskraft je Schaufel.

l cm $=$ Schaufellänge.

$M = \dfrac{P \cdot l}{z \cdot 2}$ kg $\cdot$ cm $=$ Biegungsmoment.

W cm^3 $=$ Widerstandsmoment des gefährlichen Schaufelquerschnittes.

$k_b = \dfrac{M}{W}$ kg/cm² = maximale Biegungszugspannung.

$\mathfrak{M}$ kg · s²/m = Masse der Schaufel, soweit diese über den gefährlichen Querschnitt übersteht.

D m = mittlerer Schaufelkreisdurchmesser.

$C = \mathfrak{M} \cdot (D/2)\, \omega^2$ = Schaufelfliehkraft.

q cm² = gefährlicher Schaufelquerschnitt.

$k_z = C/q$ kg/cm² = Fliehkraftzugspannung.

$k = k_b + k_z$ = Gesamtspannung.

Bestimmung des Widerstandsmomentes unregelmäßig gestalteter Querschnitte. (Beispiel: Schaufelprofil.) (Abb. 48.)

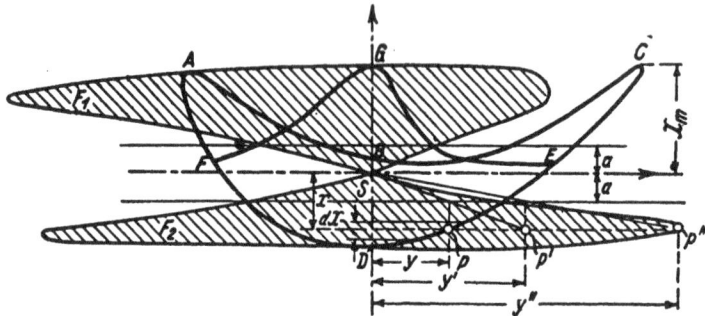

Abb. 48. Graphische Bestimmung des Widerstandsmomentes eines unsymmetrischen Profils.

$ABCDA$ ist ein im vergrößerten Maßstab (zu empfehlen 5 : 1) dargestelltes Schaufelprofil. Die Biegungsgleichung $k_b = M/W$ gilt bekanntlich nur für Trägheitshauptachsen, das sind durch den Schwerpunkt gehende Achsen x und y, für welche das sog. Zentrifugalmoment $\int xy\,dF = 0$ ist. Es ist daher zunächst der Schwerpunkt S zu bestimmen; fällt derselbe in die Fläche hinein, dann wird er zweckmäßig dadurch bestimmt, daß man die aus steifem Papier ausgeschnittene Profilfläche auf einer Nadelspitze tanzen läßt; im andern Fall wird man das aus Pappe ausgeschnittene Profil zweimal an einem Faden aufhängen, um dadurch 2 Schwerlinien zu finden. Schließlich wird man durch Probieren die Trägheitshauptachsen ausfindig machen; dabei muß aber für je ein angenommenes Achsenpaar die Summe $\int xy \cdot dF$ auf graphischem Weg mittels Planimeter ermittelt werden. Der Praktiker wird jedoch meist von der Erfahrungstatsache Gebrauch machen, derzufolge eine der beiden Hauptachsen stets etwa parallel zu AC verläuft; damit kommen wir zu den beiden Hauptachsen xx und yy; für den weiteren Entwicklungsgang ist nunmehr zu beachten, daß für die Beanspruchung auf Biegung durch die Umfangskraft das Widerstandsmoment in bezug auf die yy-Achse in Frage kommt, und zwar steht die Umfangskraft nahezu senkrecht zur y-Achse, so daß wir näherungsweise mit der Umfangskraft selbst rechnen können. Es empfiehlt sich, den Flächen- anteil $ABCEFA$ inhaltsgleich parallel zur yy-Achse so zu verschieben, daß daraus die Fläche $GEFG$ wird; da bei dieser Verschiebung sowohl der Inhalt der Fläche als auch deren Abstand von der yy-Achse gleich bleiben, so muß die neue Fläche auch dasselbe Trägheitsmoment und Widerstandsmoment aufweisen wie die alte; damit ist die ursprüngliche Aufgabe auf folgende zurückgeführt: Bestimmung des Trägheitsmomentes und des Widerstandsmomentes der Fläche $GEDFG$ in bezug auf die yy-Achse; das soll nach dem Verfahren von Nehls (Föppl II, S. 102) geschehen. Für das schraffierte Flächenteilchen vom Inhalt $y \cdot dx$ ist das Trägheitsmoment $\Theta_y = x^2 (y\,dx)$ und für das ganze Profil $J_y = \int x^2 (y\,dx)$; zufolge ähnlicher Dreiecke verhält sich:

$$(1)\ \frac{y}{y'} = \frac{a}{x}; \qquad (2)\ \frac{y}{y''} = \frac{a}{x};$$

(1) mal (2) gibt $\dfrac{y}{y'} = \dfrac{a^2}{x^2}$ eingesetzt in obige Gleichung für Θ_y ergibt sich

$$\Theta_y = a^2 \int y''\, dx = a^2 (F_1 + F_2),$$

d. h. das Trägheitsmoment ist gleich dem Produkt aus der willkürlich angenommenen Strecke a mal der Fläche $(F_1 + F_2)$; beim Maßstab 5 : 1 ist der Betrag $a^2 \cdot (F_1 + F_2)$ cm⁴ durch 5^4 zu dividieren, um den tat- sächlichen Wert zu erhalten. Bedeutet schließlich x_{max} den Abstand der gespanntesten Faser von der Nullinie, so ist das Widerstandsmoment $W = J_y / x_{max}$ cm³; beim Maßstab 5 : 1 ist der aus der Zeichnung ent- nommene Wert x_{max} durch 5 zu dividieren und dann erst einzusetzen, damit man für W den tatsächlichen Wert erhält. Der Vorgang bei der grapbischen Bestimmung von „W" ist somit dieser: Entwerfe das Profil im beliebigen Maßstab $(m : 1)$; suche den Schwerpunkt S und die Achsen xx und yy; ziehe in beliebigem Abstand a zu beiden Seiten von der y-Achse je eine Parallele, verschiebe die Fläche $ABCEF$ nach $GEFG$; konstruiere zu mehreren Punkten p der Umrahmungskurve $GEDFG$ auf dem Wege von y über y' nach y'' die Punkte p'' der Flä- chen F_1 und F_2; dann ist

$$\text{Trägheitsmoment } J_y \quad = \frac{a^2 (F_1 + F_2)}{m^4}\ \text{cm}^4;$$

$$\text{Widerstandsmoment } W = \frac{J_y}{\dfrac{x_{max}}{m}}\ \text{cm}^3.$$

Berechnung der Scheiben auf Fliehkraftbeanspruchung. (Abb. 49.) Wir machen uns ihr Wesen am besten an einem Beispiel klar. Bezüglich der Formeln und Randbedingungen vgl. Stodola, S. 324 u. f.

Profil der Scheibe gegeben; $n = 3000$; Umwandlung in ein Profil mit hyperboloidischer Begrenzung. Gleichung eines solchen Profils:

$$y_1 = C\,x_1^{-a};\ y_1 = 12;\ x_1 = 18;$$
$$y_2 = C\,x_2^{-a};\ y_2 = 1{,}4;\ x_2 = 44{,}5;$$

$$\frac{y_2}{y_1} = \left(\frac{x_2}{x_1}\right)^{-a};\ a = -\frac{\log \dfrac{y_2}{y_1}}{\log \dfrac{x_2}{x_1}} = 2{,}374;$$

$$\log y_1 = \log C - a \log x_1;\ C = 11460.$$

Einige Punkte konstruieren und die Übereinstimmung mit dem Profil prüfen.

Wir entschließen uns der größeren Annäherung wegen zu zwei Ästen:

1. Ast. $x_2 = 44{,}5$; $y_2 = 1{,}4$
   $x_1 = 30$; $y_1 = 2{,}8$

Die Gleichung dieses Profils lautet:

$$y_1 = C\,x_1^{-a}$$
$$y_2 = C\,x_2^{-a};$$

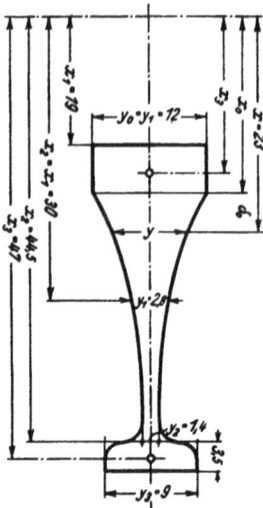

Abb. 49. Hyperbolische
Scheibenbegrenzung.

$a = 1{,}763$; $C = 1125$ (Berechnung wie oben).

Kontrolle eines Zwischenpunktes:

$x = 37$; $y = 1125 \cdot 37^{-1{,}763}$; $\log y = 0{,}29116$; $y = 1{,}955$
(Zeichnung 2,05; genau genug).

2. Ast. $x_2 = 30$; $y_2 = 2{,}8$ cm; $x_1 = 19$; $y_1 = 12$ cm;

$$a = -\frac{\log \dfrac{y_2}{y_1}}{\log \dfrac{x_2}{x_1}} = -\frac{\log \dfrac{2{,}8}{12}}{\log \dfrac{30}{19}} = 3{,}185;$$

$$\log C = \log y_1 + a \log x_1 = 5{,}14418;\ C = 139350.$$

Kontrolle eines Zwischenpunktes:

$x = 23$; $y = 139350 \cdot 23^{-3{,}185} = 6{,}37$ (Zeichnung: $y = 6{,}7$; genau genug).

Das gegebene Profil ist somit durch zwei hyperbolische Kurven ersetzt worden.

Die Gleichungen dieser Kurven lauten:

1. Ast: $y_b = 1125 \cdot x^{-1{,}763}$;
2. Ast: $y_a = 139350 \cdot x^{-3{,}185}$.

Das vollständige Integral dieser Gleichungen ist

$$z = b_0\,x^3 + b_1\,x^{v_1'} + b_2\,x^{v_1''}$$
$$z' = a_0\,x^3 + a_1\,x^{v_1'} + a_2\,x^{v_1''}$$

dabei ist

$$b_0 \text{ bzw. } a_2 = -\frac{(1-\nu^2)\,\mu\,w^2}{E\cdot[8-(3+\nu)\,a]}; \qquad w = \frac{\pi\cdot 3000}{30} = 319;$$

$\nu = 0{,}3$ für Flußeisen und Stahl; $\mu =$ spezifische Masse.

ψ' und ψ'' aus: $\psi^2 - a\psi - (1+a\nu) = 0$;

$$\psi = \frac{a}{2} \pm \sqrt{\frac{a^2}{4} + a\nu + 1}$$

a_1, b_1, a_2, b_2 sind durch die Randbedingungen festgelegt.

$$a_0 = \frac{-(1-\nu^2)\,\mu\,w^2}{E[8--(3+\nu)\,a]} = -\frac{(1-0{,}3^2)\,\dfrac{0{,}007\cdot 9}{981}\cdot 314^2}{2\cdot 10^6\,[8--3{,}3\cdot 3{,}185]} =$$

$$= \frac{-0{,}724}{2\cdot 10^6\cdot[-2{,}50]} = +\frac{0{,}1442}{10^6} = \frac{1442}{10^{10}}$$

$$b_0 = \frac{-0{,}724}{2\cdot 10^6\,[8-3{,}3\cdot 1{,}763]} = \frac{-0{,}724}{2\cdot 10^6\cdot 2{,}18}$$

$$\cdot = -\frac{0{,}1661}{10^6} = -\frac{1661}{10^{10}};$$

$$\psi_1 = \frac{a}{2} \pm \sqrt{\frac{a^2}{4} + a\nu + 1} = \frac{3{,}185}{2} \pm \sqrt{\frac{3{,}185^2}{4} + 3{,}185 + 1}$$

$$= \frac{3{,}185 \pm 4{,}24}{2}$$

$$\left.\begin{array}{l}\psi_1' = 3{,}712\\[2pt]\psi_1'' = -0{,}527\end{array}\right\} \text{ für Ast 2.}$$

$$\psi_2 = \frac{1{,}763}{2} \pm \sqrt{\frac{1{,}763^2}{4} + 1{,}763\cdot 0{,}3 + 1} = \frac{1{,}763 \pm 3{,}04}{2}$$

$$\left.\begin{array}{l}\psi_2' = 2{,}4015\\[2pt]\psi_2'' = -0{,}6385\end{array}\right\} \text{ für Ast 1.}$$

Erste Randbedingung. Die radiale Dehnung der Scheibe am Radius $x = 30$ cm (wo die beiden hyperboloidischen Kurven zusammenstoßen) muß für beide Zweige die gleiche sein.

$$b_0\,x^3 + b_1\,x^{\psi_1'} + b_2\,x^{\psi_2''} = a_0\,x^3 + a_1\,x^{\psi_2'} + a_2\,x^{\psi_1''}$$

$$-\frac{1661}{10^{10}}\cdot 30^3 + b_1\cdot 30^{2,4015} + b_2\cdot 30^{-0,6385} = \frac{1442}{10^{10}}\cdot 30^3$$

$$+ a_1\cdot 30^{3,712} + a_2\cdot 30^{-0,527}$$

$$3532\,b_1 + \frac{1143}{10^4}\,b_2 = 298500\,a_1 + \frac{1667}{10^4}\,a_2 + \frac{840}{10^5} \quad \cdots \quad (1)$$

Zweite Randbedingung. An der Stoßstelle der beiden Äste sei für den einen Teil die radiale Spannung σ_{2a}'' und die Dicke y_a'';

für den andern Teil seien dieselben Größen σ_{2b}', y_b'. Dann gilt die Bedingung

$$y_a'' \cdot \sigma_{2a}'' = y_b' \cdot \sigma_{2b}'; \quad y_a'' = y_b'; \quad \text{folglich } \sigma_{2a}'' = \sigma_{2b}'.$$

$$\sigma_2 = \frac{E}{1-\nu^2}[(3+\nu)\,b_0\,x^2 + (\psi_2'+\nu)\,b_1\,x^{\psi_2'-1} + (\psi_2''+\nu)\,b_2\,x^{\psi_2''-1}] =$$

$$= \frac{E}{1-\nu^2}[(3+\nu)\,a_0\,x^2 + (\psi_1'+\nu)\,a_1\,x^{\psi_1'-1} + (\psi_1''+\nu)\,a_2\,x^{\psi_1''-1}]$$

$$317{,}6\,b_1 - \frac{1297}{10^6}\,b_2 = 40600\,a_1 - \frac{1261}{10^6}\,a_2 + \frac{920}{10^6} \quad \dots \quad (2)$$

Dritte Randbedingung. Die Ausdehnung der Nabe ist, wenn von der Unstetigkeit des Überganges zwischen Scheibe und Nabe sowie von den Radialspannungen in der Nabe abgesehen wird

$$z' = \frac{x_0^2}{E\,\delta_0\,y_0}\left(p_0\,y_0 + \mu\,\omega^2\,\delta_0\,y_0 \cdot x_0 + \sigma_2\frac{x_1\,y_1}{x_0}\right).$$

Die Ausdehnung der Scheibe ist

$$z_1 = a_0\,x_1^3 + a_1\,x_1^{\psi_1'} + a_2\,x_1^{\psi_1''};$$

Die beiden Dehnungen müssen einander gleich sein, und dies liefert die Bedingungsgleichung:

$$x_1 = 19 \text{ cm}; \quad x_0 = 17 \text{ cm}; \quad y_0 = y_1 = 12 \text{ cm}; \quad \delta_0 = 4{,}75 \text{ cm},$$

angenommen $p_0 = 50$ kg/cm^2 durch Einsetzen in $z' = z_1$ folgt

$$819050\,a_1 - \frac{4023}{10^4}\,a_2 + \frac{15346}{10^6} = 0 \quad \dots \dots \quad (3)$$

Vierte Randbedingung. Die radiale Dehnung der Scheibe an der Übergangsstelle zum Kranz ist infolge ihres eigenen Spannungszustandes $z_2 = b_0\,x_2^3 + b_1\,x_2^{\psi_2'} + b_2\,x_2^{\psi_2''}$. Der Kranz erfährt unter dem Einfluß der eigenen Fliehkraft und der Fliehkraft der Schaufeln eine Ausdehnung

$$z_2' = \frac{x_3^2}{E\,\delta_3\,y_3}\left[\sigma_3\,y_3 + \mu\,\omega^2\,\delta_3\,y_3\,x_3 - \sigma_{r_1}\frac{x_2\,y_2}{x_3}\right] \text{(Stodola S. 255).}$$

$z_2 = z_2'$; setzen wir nun in diese Gleichung ein, so erhalten wir damit die vierte Gleichung zur Berechnung der vier Konstanten; zuvor benötigen wir die Fliehkraft der Schaufeln je cm^2 Mantelfläche ($= \sigma_3$ in der Formel).

Gesamtfliehkraft der Schaufeln $= C$ kg.

Fläche, an der C wirkt $= F$ cm^2.

$$\sigma_3 = \frac{C}{F} = \frac{57000}{2770} \text{ kg/cm}^2 = 20{,}5 \text{ kg/cm}^2.$$

Jetzt können wir die Dehnung des Ringes feststellen; durch Einsetzen in $z_2 = z_2'$ folgt

$$65220\,b_1 + \frac{1960}{10^5}\,b_2 = \frac{17457}{10^5} \quad \dots \dots \dots \quad (4)$$

aus den Gleichungen (1) bis (4) können wir nunmehr die Konstanten b_1, b_2, a_1, a_2 berechnen zu

$$b_1 = \frac{26,6}{10^7}; \quad b_2 = \frac{360}{10^4}; \quad a_1 = \frac{192}{10^{11}}; \quad a_2 = \frac{342}{10^4};$$

Einsetzen in (1) zur Kontrolle; ferner an mehreren Stellen die Dehnungen kontrollieren.

Kontrolle am Radius $x = 44,5$ cm; Dehnung der Scheibe

$$z = b_0\, x^3 + b_1\, x^{\psi'\cdot} + b_2\, x^{\psi'\cdot''} = \frac{127}{10^4};$$

Dehnung des Ringes $z = \dfrac{126,5}{10^4}$;

Abweichung nur 0,39%.

Kontrolle am Radius $x = 19$.

Dehnung der Scheibe $z = a_1\, x^3 + a_1\, x^{\psi'\cdot} + a_2\, x^{\psi_1} = \dfrac{81,54}{10^4}$;

Dehnung der Nabe $z = 81/10^4$ (Abweichung nur 0,07%).

Kontrolle am Radius $x = 30$.

Es muß sein $\sigma_{2a} = \sigma_{2b}$; $\sigma_{2a} = 674$; $\sigma_{2b} = 669$ kg/cm² (Abweichung nur 0,75%).

Jetzt können die Spannungen an den verschiedenen Stellen bestimmt werden:

$$\sigma_r = \frac{E}{1-\nu^2}\left[(3+\nu)\, a_0\, x^2 + (\psi'+\nu)\, a_1\, x^{\psi'-1} + (\psi''+\nu)\, a_2\, x^{\psi''-1}\right]$$

$$\sigma_t = \frac{E}{1-\nu^2}\left[(1+3\nu)\, a_0\, x^2 + (1+\psi'\nu)\, a_1\, x^{\psi'-1} + (1+\psi''\nu)\, a_2\, x^{\psi'''-1}\right].$$

Beanspruchung der Scheibe.

x cm	19	25	30	37	44,5
σ_r . . . kg/cm²	136,2	424	672	780	756
σ_t . . . »	900	790	805	800	815
$\sigma_{red.} = \sigma_r \cdot \nu\,\sigma_t$	134	187	430	540	512
$\sigma_{red.} = \sigma_t - \nu\,\sigma_r$	860	663	603	566	588

Beanspruchung der Nabe. Man behandelt die Nabe als einen Ring mit sehr kleiner radialer Dicke; dieser Ring ist am Umfang der von der Scheibe herrührenden Radialspannung ausgesetzt und innen einem Montierungsdruck; damit (nach Stodola) Tangentialspannung

$$\sigma_t = (\sigma_{r_1} y_1\, x_1 + \mu\,\omega^2\, y_0\, \delta_0\, x_3'^2 + y_0\, \sigma_0\, x_0)\,\frac{1}{y_0\,\delta_0};$$

$$\sigma_t = \left(136\cdot 12\cdot 19 + \frac{0,0079}{981}\, 314^2\cdot 12\cdot 4,75\cdot 17^2 + 2\cdot 50\cdot 14\right)\frac{1}{12\cdot 4,75}$$

$$= 920 \text{ kg/cm}^2.$$

Beanspruchung des Kranzes.   Radiale Dehnung des Kranzes

$$z = \frac{\sigma_t\, x_s}{E}.$$

Diese Dehnung = der Dehnung der Scheibe am Radius $x = 44{,}5$ cm:
also

$$\sigma_t = \frac{z \cdot E}{x_s} = \frac{127/10^4 \cdot 2 \cdot 10^6}{47} = 540 \text{ kg/cm}^2.$$

Scheiben- und Schaufelschwingungen.

Ein Blick auf die Geschwindigkeitsdreiecke einer Dampfturbinen-
stufe lehrt uns, daß sowohl tangentiale wie achsiale Dampfkräfte auftreten; diese Kräfte können nun periodisch, d. h. mit regelmäßigen
Unterbrechungen auf Scheibe und Beschaufelung einwirken; z. B. bei
teilweiser Beaufschlagung oder auch bei voller Beaufschlagung infolge
der Unterbrechung des Dampfstrahls durch Blindstege an den Leit-
apparaten; solche impulsartigen Kräfte aber sind imstande, Schwingungen zu erzeugen, selbst wenn sie für sich genommen nur klein sind;
jeder Körper aber hat seine sog. Eigenschwingungszahl; dieselbe ist
verschieden groß, je nach den Abmessungen des Körpers und je nach
der Periode des Impulses innerhalb einer Umdrehung; die versuchs-
mäßige Feststellung dieser Eigenschwingungszahlen geschieht so: die
Scheibe wird mit Papier beklebt und letzteres mit feinem Sand oder
Likobodiumsamen bestreut. Am Umfang der Scheibe werden Wechsel-
strommagnete angelegt; der Wechselstrom mit verstellbarer Periodizität
bringt alsdann die Scheibe genau so zum Schwingen wie dies im Betrieb
durch die impulsartig wirkenden Dampfkräfte geschieht. Dem Auge
werden die Schwingungen sichtbar, weil der aufgestreute Sand sich
zu Cladnischen Figuren ordnet. Bei Turbinenscheiben kommen in der
Regel nur die Figuren mit verschiedenen Knotendurchmessern in Frage.
Solche Bilder stellen Fälle mit 1, 2, 3 usw. Knotendurchmessern dar.
Die vom Sand freien Stellen schwingen nach oben, sie werfen den Sand
ab und umgekehrt. Man kann auch die Figur mit einem Knotendurch-
messer als Grundton, die übrigen als Obertöne bezeichnen. Bei der
rotierenden Scheibe wird natürlich jede Stelle bald Wellenberg, bald
Wellental; von den oben genannten Kräften werden der Scheibe be-
sonders die achsialen, den Schaufeln die tangentialen gefährlich; wenn
nun eine impulsartige Kraft die Eigenschwingung anregt, d. h. wenn
Impulszahl = Eigenschwingungszahl (Resonanz) ist, dann führen die
Schwingungen zur Zertrümmerung des Körpers, auch wenn die Kraft
selbst noch so klein ist. Die versuchsmäßig oder rechnerisch bestimmte
Eigenschwingungszahl muß daher möglichst weit von der Impulszahl
(Drehzahl der Maschine oder Vielfaches davon) weg liegen, am besten
über derselben. Die rechnerische Bestimmung der Eigenschwingungs-

zahl ist gezeigt in Z. 1926, S. 1375 v. Prof. Dr. Hort. Die Eigenschwingungszahl einer Schaufel von konstantem Querschnitt errechnet sich
nach Föppl, Technische Mechanik IV, S. 266 aus der dort angegebenen
und abgeleiteten Formel

$$T_{sec} = \frac{2\,l^2}{\pi} \sqrt{\frac{\mu}{E\Theta}}.$$

Dabei können wir uns die Schaufel als einen an beiden Enden eingespannten Träger vorstellen, wenn die Versteifung durch Deckbleche
und Bindedrähte eine gute ist. In der Formel bedeuten l = Schaufellänge; μ = Masse der Schaufel (Eigengewicht + Belastung) pro Längeneinheit; E = Elastizitätsmodul; Θ = Querschnittsträgheitsmoment der
Schaufel; aus obiger Formel findet man ohne weiteres $n = \dfrac{60}{T}$ Schwingungen pro min.

Bei variablem Querschnitt greift man zur versuchsmäßigen Bestimmung. Will man den Einfluß der Fliehkraft berücksichtigen, dann
ist die Rechnung nach Rayleigh (B.B.C.-Mitteilungen, Mai 1921, S. 1 u.f.
von v. Freudenreich) einfacher. Nach dem Satz von Rayleigh stellt
sich bei einem schwingenden Aggregat immer diejenige Schwingungsform ein, welche die niedrigste Eigenschwingung aufweist. Es wird in
obigem Artikel das Ganze nach dem D'Alembertschen Prinzip auf ein
Gleichgewichtssystem zurückgeführt: Kinetische Energie (in der Mittellage) = Deformationsarbeit (in äußerster Schwingungslage) + Arbeit
der Fliehkräfte beim Übergang der äußersten Schwingungslage in die
Mittellage. Dadurch ergibt sich eine Gleichung, die die Variablen:
η = Durchbiegung der Schaufeln in der äußersten Lage und λ = Maß
für die Frequenz der Schwingung (Frequenz $N = \lambda/2\pi$) enthält. Die
außerdem in der Gleichung enthaltenen Integrale werden auf graphischem Weg bestimmt; die Integrale werden dabei als Flächen durch
Planimetrieren gefunden. Das Verfahren ist einige Male auf Grund
einer jedesmaligen Annahme für η durchzuführen, um durch dieses
Probierverfahren die niedrigste Schwingungszahl N zu finden; denn
zu jedem angenommenen η-Wert ergibt sich eine Schwingungszahl.
v. Freudenreich gibt in seinem Bericht noch an, daß die Eigenschwingungszahl der Schaufeln des Rotors durch die Fliehkraft je nach
der Länge der Schaufel und der Tourenzahl des Rotors bis 200%
und mehr geändert wird (vgl. auch Z. 1925, S. 336, Oehler). Das
Rechenverfahren läßt sich auch für Scheiben anwenden; eine andere
Rechenmethode zeigt Prof. Dr. Hort, Z. 1927, S. 1375 u. f., sowie
S. 1419 u. f.

Bestimmung der Schwingungszahlen durch Versuch: Zur Messung
der Schwingungen am rotierenden Körper verwendete Dr. Hort diese
Anordnung (Z. 1926, S. 1380): Das beschaufelte, zu untersuchende Rad

wird während seiner Umdrehung durch einen kräftigen Elektromagneten aus seiner Ebene herausgezogen (Achsialschwingungen). Mit dem Rad rotiert ein zweites, gegen Schwingungen gesichertes Rad, welches einen mitrotierenden Elektromagneten trägt, der die Schwingungen auf einen Oszillographen überträgt. Dadurch werden die wirklichen Schwingungen, wie sie unter dem Einfluß der Fliehkraft zustande kommen, registriert.

Versuchsanordnung bei Schaufeln: Hier kann man den Schaufelkranz mit Preßluft anstatt mit Dampf anblasen und die verschiedensten Impulszahlen dadurch erzwingen, daß man zwischen Preßluftdüsen und Schaufelkranz eine rotierende, mit Löchern besetzte Scheibe einschaltet. Die Preßluft kann nur durch diese Scheibenlöcher hindurch auf den Leitkranz wirken. Je nach Lochzahl und Drehzahl der Scheibe haben wir es mit verschiedenen Impulszahlen zu tun.

Bei eintretender Resonanz bilden sich in der Beschaufelung deutlich sichtbare Schwingungsknoten und Bäuche aus (Tangentialschwingungen).

Aus dem bisher Gesagten geht bereits deutlich hervor, daß die Scheiben in der Hauptsache durch Achsialschwingungen und die Schaufeln durch Tangentialschwingungen gefährdet sind.

Die Scheiben der deutschen Firmen waren eigentlich im großen und ganzen immer gegen Schwingungen gefeit; man hat eben in Deutschland von Anfang an die Scheiben mit größter Sicherheit auf Beanspruchung durch die Fliehkraft berechnet und dadurch verhältnismäßig kräftige Scheiben erhalten. Für die Schaufeln sagt eine altbewährte Erfahrungsformel, daß die Schaufelschwingungen sich bei einem Verhältnis $l/b = 12 \div 14$ vermeiden lassen, daß dagegen über diese Zahl hinaus keine noch so gute Versteifung gegen Schwingungen schützt. Eine neuere Erfahrungsregel sagt: Die niedrigste Schwingungszahl der Schaufeln (Grundton) soll dreieinhalbmal so groß sein wie die Drehzahl der Maschinen (Z. 1925, S. 466).

b) Gehäuse.

Nach der Kesselformel ist $\sigma_z \cdot 2 \cdot l \cdot w = D \cdot l \cdot p$; ($\sigma_z$ = zulässige Spannung; l = Länge; w = Wandstärke; D = Durchmesser; p = Einheitsdruck).

Hieraus kann die Wandstärke „w" berechnet werden; die Flanschdicke „a" ist nach Stodola $3 \div 4$ mal der Wandstärke.

c) Trommeln.

Beanspruchung durch das Trommelmaterial selbst, d. h. durch die eigene Fliehkraft. Die hierdurch auftretende Tangentialspannung ist nach der in Stodola 1922, S. 340 abgeleiteten Formel

$\sigma_u = \mu \cdot r^2 \cdot \omega^2 = \mu \cdot u^2$; $\mu =$ spezifische Masse; $r =$ Radius; $\omega =$ Winkelgeschwindigkeit; $u =$ Umfangsgeschwindigkeit. Diese Spannung ist somit nur von der Umfangsgeschwindigkeit und nicht vom Radius abhängig.

Beanspruchung durch die Fliehkraft des Schaufelmaterials. Die gesamte Fliehkraft des Schaufelmaterials ist

$$C_s = C_{\text{Schaufel}} + C_{\text{Füllstücke}} + C_{\text{Füße}} + C_{\text{Drähte}} + C_{\text{Deckbleche}};$$

$$\Delta C_s = F \cdot \sigma_s \cdot \Delta \varphi \text{ (Abb. 50); dabei } F = l \cdot \delta \quad . \quad . \quad . \quad (1)$$

$$\frac{\Delta C_s}{C_s} = \frac{\Delta \varphi}{2 \cdot \pi} \text{ oder } \Delta C_s = C_s \frac{\Delta \varphi}{2 \cdot \pi} \quad . \quad . \quad . \quad . \quad . \quad (2)$$

aus (1) und (2) folgt $\sigma_s = C_s : (2 \cdot \pi \cdot F)$.

Die Gesamtbeanspruchung der Trommel durch die eigene Fliehkraft und durch diejenige des Schaufelmaterials $\sigma_{\text{gesamt}} = \sigma_u + \sigma_s$.

Man nimmt nun die Wandstärke der Trommel zunächst an und rechnet mit dieser die Spannung σ_u bzw. σ_s aus; bewegt sich

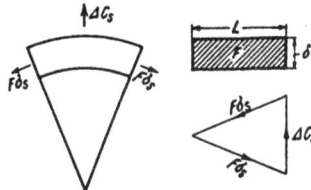

Abb. 50. Trommelbeanspruchung.

die so errechnete Spannung in den zulässigen Grenzen, dann braucht die angenommene Wandstärke nicht mehr geändert zu werden.

d) Wellen (Kritische Drehzahl).

Die Berechnung der Wellen auf Heißlauf und Flächendruck wurde bereits S. 73 gezeigt. Jede Welle hat entsprechend ihren Abmessungen eine sog. kritische Drehzahl, bei welcher eine exzentrische Belastung zu unendlich großem Biegungspfeil, d. h. zu Wellenbruch führen würde. Je kräftiger eine Welle ausgeführt ist, desto höher liegt die kritische Drehzahl; in der Regel dimensioniert man die Welle so, daß die kritische Drehzahl weit (rd. 100%) über der Betriebsdrehzahl liegt; man spricht dann von einer sog. starren Welle im Gegensatz zur schlappen Welle, bei welch letzterer die kritische Drehzahl sehr klein ist, so daß beim Anfahren die Welle durch das kritische Gebiet rasch hindurchlaufen muß.

α) **Kritische Drehzahl für einfache Fälle auf rechnerischem Weg.**

Hierfür gibt Föppl (IV, S. 283) bei einer beiderseits eingespannten Scheibe an:

$$w_{\text{krit.}} = \sqrt{\frac{\alpha}{m}}; \quad \alpha = \frac{6 \cdot E \cdot \Theta}{l^3};$$

$m =$ Masse des Rotors; $E =$ Elastizitätsmodul; $\Theta =$ Querschnittsträgheitsmoment; $l =$ Länge zwischen den Lagern.

β) Kritische Drehzahl für mehrfach belastete Wellen auf graphischem Weg (Abb. 51).

Eine Welle, welche mit der kritischen Drehzahl läuft, ist nach der elastischen Linie durchgebogen, und zwar auch dann, wenn die Belastung um das „z"fache vergrößert oder verkleinert wird. Wir nehmen nun die elastische Linie in ihrem Verlauf zunächst an und konstruieren auf Grund dieser Annahme die wirkliche elastische Linie nach dem bekannten Verfahren von Mohr. Dabei sind wir gezwungen, die Fliehkräfte, d. h. die belastenden Kräfte auf Grund einer ebenfalls angenommenen Drehzahl zu berechnen; diese angenommene Drehzahl wäre dann zufällig gleich der kritischen, wenn die Durchbiegungen „f" der angenommenen und die Durchbiegungen „φ" der gefundenen elastischen Linie einander gleich wären. Da aber praktisch dieser Fall nicht eintritt, so heißt das mit andern Worten: n_{krit} ist diejenige Drehzahl, welche „f" und „φ" zur Übereinstimmung bringt. Die belastenden Kräfte, denen wir die angenommene elastische Linie zugrunde legten, seien:

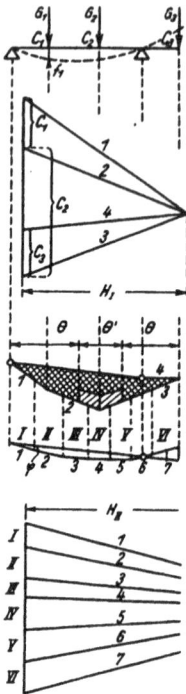

$$C_1 = \frac{G_1}{g} \cdot f_1 \, \omega^2_{\text{angen}}; \quad C_2; \; C_3 \text{ usf.,}$$

oder allgemein

$$C = m \cdot f \cdot \omega^2_{\text{angen}};$$

wenn φ die elastische Linie ist, dann läuft dabei die Welle auch mit der kritischen Drehzahl, d. h. es sind die zur elastischen Linie φ gehörigen Belastungskräfte $C' = m \cdot \varphi \cdot \omega^2_{krit}$; f und φ stimmen dann überein, wenn $C = C'$ oder $\varphi \cdot \omega^2_{krit} = f \cdot \omega^2_{\text{angen}}$; damit haben wir

$$\omega_{krit} = \omega_{\text{angen}} \sqrt{\frac{f}{\varphi}}$$

Abb. 51. Kritische Drehzahl.

gefunden. Bei der Durchführung des Verfahrens selbst muß noch ein besonderes Augenmerk auf die zeichnerischen Maßstäbe gerichtet werden.

Beschreibung des graphischen Verfahrens: Aufteilung des Rotorgewichtes auf mehrere Stellen G_1, G_2, G_3 usw.; gefühlsmäßiges Aufzeichnen der elastischen Linie f_1, f_2, f_3 usw. mit Rücksicht auf die Gewichtsverteilung; Konstruktion der elastischen Linie φ_1, φ_2, φ_3 usw. mittels der Momentenflächen nach dem Verfahren von Mohr. Lassen wir nun zunächst die zeichnerischen Maßstäbe außer acht, dann wäre an jeder der Stellen G_1, G_2 usw. die kritische Drehzahl $n_{krit} = n_{\text{angen}} \sqrt{\frac{f}{\varphi}}$;

der Mittelwert aus diesen Einzelwerten würde dann für die ganze Maschine gelten; sollten jedoch die Einzelwerte zu sehr voneinander abweichen, dann hat man die angenommene elastische Linie in ihrem Charakter nicht gut getroffen, und man müßte das Verfahren wiederholen. Wegen der zeichnerischen Maßstäbe ist nun (Abb. 51)[1]):

1. 1 mm Zeichnung = a mm wirkliche Länge; d. h. bei natürlicher Größe würde die Zeichnung a mal so große Durchbiegungen ergeben; folglich 1 mm Zeichnung = a mm wirkliche Durchbiegung.

2. 1 mm Zeichnung = c cm² wirkliche Momentenfläche; d. h. die Durchbiegungen φ erscheinen in der Zeichnung c fach verkleinert, folglich: 1 mm Zeichnung = c mm wirkliche Durchbiegung.

3. 1 mm Zeichnung = d cm²; d. h. die Durchbiegungen φ erscheinen in der Zeichnung d fach vergrößert; folglich: 1 mm Zeichnung $= \dfrac{1}{d}$ mm wirkliche Durchbiegung.

Unter Berücksichtigung sämtlicher Maßstäbe gilt daher beim Ablesen der Werte φ aus der Zeichnung folgende Beziehung: 1 mm Zeichnung $= \dfrac{c\,a}{d}$ mm wirkliche Durchbiegung.

NB. Bei der Wahl des Maßstabes „c" im 2. Kräfteplan heißt es in der Zeichnung: 1 mm = c cm² wirkliche Momentenfläche. Man muß also aus der Zeichnung die wirkliche Momentenfläche ablesen. Da im Längenmaßstab 1 : a gezeichnet wurde, so ist die wirkliche Momentenfläche = a^2 mal so groß wie die zeichnerische Momentenfläche.

Die Momentenflächen sind auf einen gemeinsamen Wellenquerschnitt zu reduzieren nach der Gleichung $y : y' = \Theta' : \Theta$.

11. Genaue Durchrechnung sämtlicher oder einzelner Stufen einer Turbine (Vauquadratmethode).

a) Für Gleichdruckstufen.

Für die Zustandslinie $A\,C\,C'\,C''$ (Abb. 43) trägt man über den einzelnen adiabatischen Gefällen als Abszissen die Quadrate der zugehörigen spezifischen Dampfvolumina nach Art der Abb. 52 als Ordinaten auf. Betrachten wir nun beispielsweise die 4. und 5. Stufe!

---

[1]) Maßstäbe für die Wellenlänge —1:a; für die Kräfte C_1; C_2; C_3; H_I kg —1 mm = b kg; für die wirklichen Momentenflächen I, II usf. —1 mm = c m²; für $H_{II} = \dfrac{E \cdot \Theta}{H_I}$ cm² —1 mm = d cm².

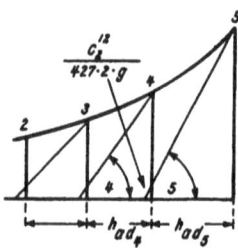

Abb. 52. Vauquadrat-
methode für Gleichdruck-
und Überdruckstufen.

Angenommen, in jeder Stufe werden noch ⅓ der Austrittsenergie der vorhergehenden Stufe ausgenutzt. Dann wird in der 5. Stufe noch eine Energie im Betrage von

$$\frac{2}{3} \cdot \frac{1}{427} \cdot \frac{c_2^2}{2 \cdot g} = \frac{1}{427} \cdot \frac{c_0'^2}{2 g} \quad \text{ausgenützt;}$$

$$c_0' = \sqrt{\frac{2}{3}} \cdot c_2;$$

damit ergeben sich für die 5. Stufe folgende Verhältnisse: Die theoretische Düsenaustrittsgeschwindigkeit c_0 in der 5. Stufe wird nicht allein durch das adiabatische Gefälle $h_{ad\,5}$ erzeugt, sondern durch die Summe aus

$$\left(h_{ad\,5} + \frac{1}{427}\,\frac{c_0'^2}{2\,g}\right) \text{kcal,}$$

d. h. es ist

$$\frac{1}{427}\,\frac{c_0^2}{2\,g} = h_{ad\,5} + \frac{1}{427}\,\frac{c_0'^2}{2\,g}$$

oder mit $c_1 = \varphi c_0$

$$\frac{1}{427}\,\frac{c_1^2}{2\,g\,\varphi^2} = h_{ad\,5} + \frac{1}{427}\,\frac{c_0'^2}{2\,g} \quad \ldots \ldots \quad (1)$$

$$G_{sec}^2 \cdot v_5^2 = F^2 \cdot c_1^2; \quad v_5^2 = \frac{F^2 \cdot c_1^2}{G_{sec}^2} \quad \ldots \ldots \quad (2)$$

Tragen wir nun $\dfrac{1}{427}\dfrac{c_0'^2}{2\,g}$ links von $h_{ad\,5}$ an, und ziehen wir die schräge Linie unter dem Winkel ω_5, dann ist

$$\text{tg } \omega_5 = \frac{v_5^2}{\dfrac{1}{427}\dfrac{c_0'^2}{2\,g} + h_{ad\,5}}$$

oder wegen (1) und (2)

$$\text{tg } \omega = 427 \cdot 2 \cdot g \cdot \varphi^2 \frac{F^2}{G_{sec}^2}; \quad \ldots \ldots \quad (3)$$

diese Gleichung gilt ganz allgemein für jede Stufe.

Im Grenzfall, wo die schräge Gerade zur Tangente an die v^2-Linie wird, handelt es sich um die Schallgeschwindigkeit. Bei einem Verschneiden zwischen Gerade und Kurve liegt die Dampfgeschwindigkeit über der Schallgeschwindigkeit.

Beispiel: Es soll mittels der Vauquadratmethode für die drei letzten Stufen 5, 6 und 7 der auf S. 62 berechneten Maschine die ge-

naue Gefällsverteilung bestimmt werden. Die Projektrechnung ergab
für diese drei Stufen außerdem noch folgende Werte:

Stufe Nr.	7	6	5
$F_{\text{Düsen}}$ in m²	0,01645	0,014	0,01182
G_{sec} in kg/sec	2,88	2,88	2,88

Wir bestimmen nun (Tabelle XV) für obige Zustandslinie im Be-
reiche der letzten drei Stufen jeweils zusammengehörige Werte h_{ad}
(Abszisse) und v^2 (Ordinate). Wir beginnen beim Druck $p = 2$ ata
mit dem Gefälle 0 kcal und gehen über die beliebigen Drücke 1,6, 1,4 bis
zum Enddruck 1,1 ata. Wir benutzen dabei der größeren Genauigkeit
wegen ein J-S-Diagramm mit größerem Maßstab (1 kcal = 3 mm);
von 2 bis 1,6 ata ist also das Gefälle 9,86 kcal; von 1,6 bis 1,4 ata ist
es 5,5 kcal usf. Damit können wir die v^2-Linie aus den Koordinaten
v^2 und h_{ad} aufzeichnen. Wir berechnen nun (Tabelle XVI) für jede
der drei Stufen 7, 6 und 5 den Wert tg ω und zeichnen den Winkel ω_1
sogleich in eine der Abb. 51 ähnliche maßstäbliche Figur ein, wobei
wir auch den Maßstab für v^2 bzw. h_{ad} festlegen. Jetzt wenden wir für
jede einzelne Stufe das eigentliche Verfahren, ein einfaches Probierverfahren an (Tabelle XVI). Angenommen, die Austrittsgeschwindigkeit c_2 der 6. Stufe (allgemein $n - 1$ Stufe) sei $= 150$ m/s (Tabelle).
Dann gehört hierzu der Wert c_0' der 7. Stufe (allgemein n. Stufe) $= 122$.
Durch Eintragen der Strecke $\dfrac{1}{427} \cdot \dfrac{c_0'^2}{2g}$ in die Figur und durch anschlie-
ßendes Antragen des Winkels ω_6 finden wir aus der Figur für die 6. Stufe
(allgemein $n - 1$ Stufe) den Wert $\dfrac{1}{427} \cdot \dfrac{c_1^2}{2g}$; hieraus aber ergibt sich
durch Rechnung der Wert c_1 und durch Zeichnen der Geschwindigkeits-
dreiecke die Geschwindigkeit c_2 der 6. Stufe zu 52 m/s; mit der Annahme von $c_2 = 150$ m/s hatten wir also kein Glück, denn sonst müßten
diese beiden Werte übereinstimmen; wir wiederholen nun das Verfahren mit der beliebigen Annahme $c_2 = 50$; würde auch dieser Wert
noch nicht stimmen, dann müßte sich schließlich beim drittenmal
durch Interpolieren der wirkliche Wert c_2 ergeben. Das gleiche Verfahren wird auf die übrigen Stufen angewandt; auf diese Weise läßt
sich die Gefällsverteilung in der genauesten Weise ermitteln.

Tabelle XV.

p	t^o C	h_{ad}	Σh_{ad}	v	v^2
2	148	0	0	0,974	0,945
1,6	131	9,86	9,86	1,174	1,38
1,4	120	5,5	15,36	1,304	1,7
1,1	108	10,16	25,52	1,614	2,6

Tabelle XVI.

$(n-1)$. Stufe	n. Stufe			$(n-1)$. Stufe		
c_2 angen.	$c_0' = 0{,}815\,c_2$	$\dfrac{1}{429} \cdot \dfrac{c_0'^2}{2g}$	$\dfrac{1}{427} \cdot \dfrac{c_1^2}{2g}$	c_1		c_2 berechn.
6. Stufe	7. Stufe			6. Stufe		
150	122	1,78	9,22	264		52
50	40,7	0,198	8,95	260		50
5. Stufe	6. Stufe			5. Stufe		
60	49	0,285	9,05	262		51
51	40,7	0,198	9,05	62		51

$$\operatorname{tg}\omega = 427 \cdot 2 \cdot 9{,}81 \cdot 0{,}95^2\, \frac{F^2}{G_{\text{sec}}^2} = 912\,F^2$$

$$\operatorname{tg}\omega_7 = 912 \cdot 0{,}01645^2 = 0{,}246;$$
$$\operatorname{tg}\omega_6 = 912 \cdot 0{,}014^2 = 0{,}179;$$
$$\operatorname{tg}\omega_5 = 912 \cdot 0{,}0118^2 = 0{,}127;$$

b) für Überdruckstufen.

Das auf S. 87 für Gleichdruckstufen dargelegte Verfahren läßt sich grundsätzlich in derselben Weise auch für Überdruckstufen anwenden. Unter der Voraussetzung, daß die ganze Austrittsenergie in der folgenden Stufe ausgenutzt wird, ergibt sich bei Betrachtung der $n$ten und $n-1$ten Stufe folgendes (Abb. 53):

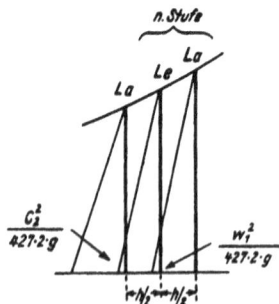

Abb. 53. Vauquadratmethode für Gleichdruck- und Überdruckstufen.

$$\frac{1}{427}\,\frac{c_1^2}{2g\,\varphi^2} = \frac{h_{\text{ad}}}{2} + \frac{1}{427} \cdot \frac{c_{2\,(n-1)}^2}{2g} \quad . \quad (1)$$

$$G_{\text{sec}}^2 \cdot v^2 = F^2 \cdot c_1^2 \quad . \quad . \quad . \quad . \quad (2)$$

$$\operatorname{tg}\omega = \frac{v^2}{\dfrac{h_{\text{ad}}}{2} + \dfrac{1}{427} \cdot \dfrac{c_{2\,(n-1)}^2}{2g}} =$$

$$= 427 \cdot 2 \cdot g \cdot \varphi^2\, \frac{F^2}{G_{\text{sec}}^2}.$$

Diese Gleichung gilt auch für den Laufkranz, wenn darin F den Austrittsquerschnitt der Laufschaufeln bedeutet.

Beispiel: Es soll wieder eine Maschine behandelt werden, für welche schon eine Projektrechnung durchgeführt worden ist; es sind also vorläufig die Zustandslinie, die Querschnitte, Dampfmenge, Schaufelwinkel usw. schon festgelegt. Wenn sich aber auf Grund der Detailrechnung ergibt, daß für das vorhandene Gefälle die Stufenzahl der Projektrechnung zu groß oder klein war, dann müssen wir die Daten der

Projektrechnung entsprechend ändern, sei es durch andere Schaufelwinkel, Durchmesser oder Stufenzahlen. Die Tabelle XVII gibt wieder
zusammengehörige Koordinatenwerte v^2 und h_{ad} der Zustandslinie an;
sie sind in derselben Weise gewonnen wie bei dem Beispiel für die
Gleichdruckstufen. Wir beginnen mit der letzten, der 37. Stufe.

Stufe Nr. 37. Laufkranz:

$$\operatorname{tg}\omega + 6810\,\frac{F^2}{G^2};\ \operatorname{tg}\beta = 60\%;\ F = D\pi l\,\frac{b_2}{t};$$

$$\text{Trommel-}\oslash = 0{,}6\,\text{m};\ D = 0{,}78\,\text{m};\ \frac{b_2}{t} = 0{,}43.$$

Das Schaufelprofil muß nach den S. 74 dargelegten Richtlinien kon-
struiert werden, womit alsdann der Wert b_2/t gefunden wird.

$$\frac{b_2}{t} = \sin\alpha - \frac{\delta}{t};\ \text{Laufschaufelteilung } t_m = t_i\cdot\frac{D}{D_i};$$

$$\text{Leitschaufelteilung } t_m = t_a\cdot\frac{D}{D_a}.$$

Nun ist δ/t gegenüber $\sin\alpha$ sehr klein, so daß b_2/t über die ganze Schaufellänge hin als konstant angesehen werden darf.

$$F = 0{,}78\cdot\pi\cdot 0{,}18\cdot 0{,}43\ \text{m}^2 = 0{,}1915\ \text{m}^2;$$

G (abz. Spalt- u. StoBüVerl.) $= (1-0{,}096)\cdot 3{,}26 = 2{,}95\ \text{kg/s};\ \operatorname{tg}\omega = 27{,}8.$
Der Winkel $\omega_{\text{Laufr 37}}$ wird in die Figur eingezeichnet.

Leitkranz: $\operatorname{tg}\omega = 6810\,\dfrac{F^2}{G^2};\ \operatorname{tg}\alpha = 60\%;\ \operatorname{tg}\omega = 27{,}8$

$$w_1 = 200\ \text{m/s angenommen};\ u = \frac{0{,}78\cdot 3000\cdot\pi}{60} = 122{,}5\ \text{m/s};$$

$$A\,\frac{w_1^2}{2g} = 4{,}77\ \text{kcal.}$$

$$A\,\frac{c_a^2}{2g} = 5{,}7\ \text{kcal};\qquad c_1 = 197\ \text{m/s};$$

$w_1 = 110\ \text{m/s}$ (stimmt noch nicht mit der Annahme überein);

$$w_1 = 95\ \text{m/s angenommen};\ A\,\frac{w_1^2}{2g} = 1{,}07\ \text{kcal.}$$

$$A\,\frac{c_0^2}{2g} = 4{,}71\ \text{kcal};\ c_1 = 179\ \text{m/s};$$

$w_1 = 95\ \text{m/s}$ (stimmt mit der Annahme überein);

Stufe Nr. 36, Laufkranz. $\operatorname{tg}\beta = 60\%;\ \operatorname{tg}\omega = 27{,}8.$

$$c_2 = 100\ \text{m/s angenommen};\ A\,\frac{c_2^2}{2g} = 1{,}09\ \text{kcal};$$

$$A\,\frac{w_0^2}{2g} = 3{,}9\ \text{kcal};\ w_2 = 162;\ c_2 = 80\ \text{m/s};$$

$$c_2 = 75 \text{ m/s angenommen}; \quad A\,\frac{c_2^2}{2g} = 0,57 \text{ kcal};$$

$$A\,\frac{w_0^2}{2g} = 3,82 \text{ kcal}; \quad w_2 = 160; \quad c_2 = 75 \text{ m/s}.$$

Es wird also stets beim Laufkranz der Wert c_2 angenommen und der Betrag $A c_2^2/2g$ eingezeichnet; beim Leitkranz der Wert w_1 angenommen und der Betrag $A w_1^2/2g$ eingezeichnet. In dieser Weise können sämtliche Stufen behandelt und das zur Verfügung stehende Gefälle aufgeteilt werden. Reicht z. B. das Gefälle für die angenommene Stufenzahl und für die ebenfalls angenommenen Winkel nicht aus, so sind wenigstens bei einem Teil der Stufen größere Schaufelwinkel zu wählen, womit auch ω größer wird. Beim Übergang von einer Schaufelgruppe zur andern kann erfahrungsgemäß der Übergangsverlust dadurch berücksichtigt werden, daß man die Dampfgeschwindigkeit im Verhältnis der Schaufellängen verkleinert, so daß an diesen Übergangsstellen nicht die ganze Austrittsenergie ausgenutzt wird. Im übrigen braucht, wie schon an anderer Stelle bemerkt, die Trommel nicht auf ihre ganze Länge mit gleichem Durchmesser ausgeführt zu werden. Man kann sie vielmehr zwei- oder mehrfach absetzen oder auch einen stetig abnehmenden Durchmesser vorsehen.

Tabelle XVII.

p	v	v^2	h_{ad}	$\varSigma\, h_{ad}$
3,8	0,49	0,239	0	0
2,25	0,79	0,622	21,9	21,9
1,238	1,3	1,69	24	45,9
0,6	2,555	6,52	27	72,9
0,225	6,3	39,6	33,2	106,1
0,1	13	169	24,8	130,9
0,06	20,7	428	15,5	146,4
0,04	30,1	905	11,2	157,6

12. Vergleich zwischen Achsial- und Radialturbinen.

a) Achsialturbinen.

Alle bisher behandelten Turbinen waren „Achsialturbinen", weil der Dampf in seiner Hauptrichtung parallel durch die Maschine strömte; ein weiteres Kennzeichen der Axialturbine können wir bei den Geschwindigkeitsdreiecken feststellen; es ist nämlich bei denselben $c_{1u} + c_{2u} = w_{1u} + w_{2u}$. Ganz anders ist dies bei den

b) Radialturbinen.

Diese haben seit etwa 12 Jahren dadurch wieder praktische Bedeutung erlangt, daß die sog. Ljungströmturbine als radial beaufschlagte

Turbine gebaut wird. Die Maschine (Abb. 54, 55, 56, 57) besteht aus zwei Generatorwellen, von denen die eine das Laufrad „A", die andere das Laufrad „B" trägt. Die Schaufelkränze sind radial von innen nach außen so angeordnet, daß immer abwechselnd auf einen Schaufelkranz der Scheibe „A" ein solcher der Scheibe „B" folgt. Entsprechend

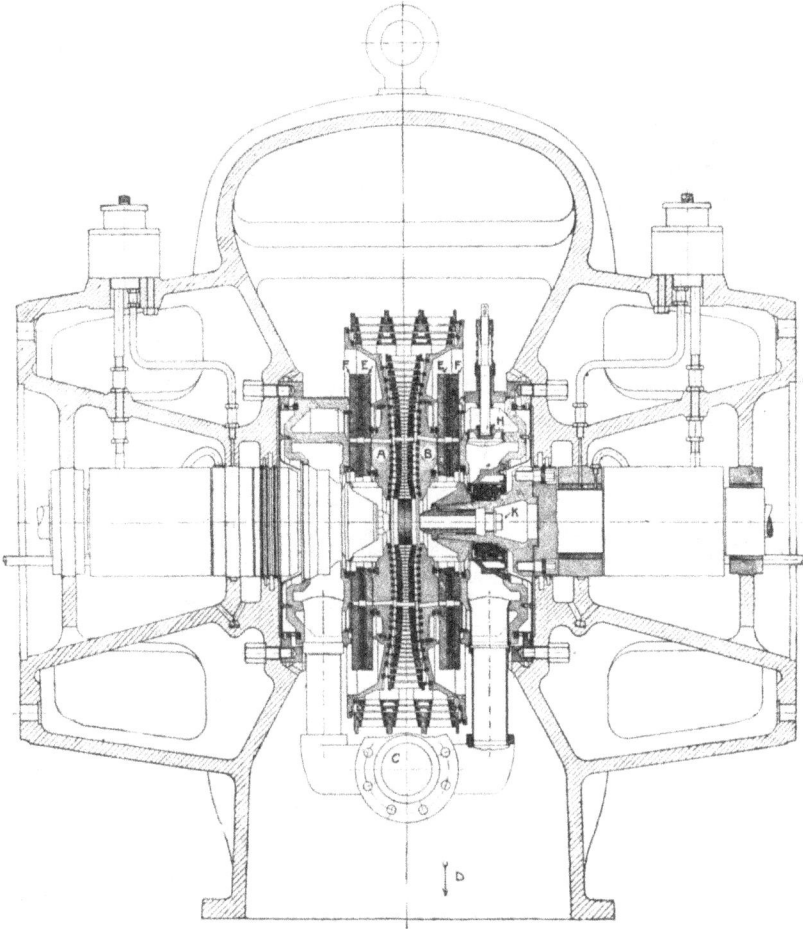

Abb. 54. Stal A.-G. Finspong, Schweden. Schnittbild einer 1500/2100 kW Stal Turbine.

dem mit der Druckabnahme verbundenen Volumenzuwachs nimmt auch die Schaufellänge nach außen hin zu; am äußeren Ende ist sogar eine Unterteilung in drei Gruppen vorgenommen. Der Dampf strömt also radial von innen nach außen; er tritt durch das Rohr „C" in die beiden Turbinenkammern links und rechts ein; das Rohr „C" ist durch den Abdampfstutzen von außen herein geführt; nach Verlassen des letzten Schaufelkranzes kommt der Dampf durch den Ringkanal zum Abdampfstutzen „D" und damit zum Kondensator; es gibt hier also

Abb. 55. Stal A.-G. Finspong, Schweden. Schaufelsystem eines 6500/9000 kW Stal Turbogenerators.

Abb. 56. Stal A.-G. Finspong, Schweden. 3000/4200 kW Stal Turbogenerator mit Kondensator.

nur rotierende Schaufelkränze; die eine Welle dreht sich entgegengesetzt der andern; die einzelnen Stufen arbeiten nach dem Überdruck-

prinzip; das Laufrad „A" bzw. „B" ist nicht aus einem Stück hergestellt, sondern besteht aus einzelnen, durch dünne Expansionsringe
zusammengehaltenen Teilen; dies ist nötig, weil das Rad innen von
Hochdruckdampf und außen von Niederdruckdampf umspült ist; die
dünnen Expansionsringe sorgen für einen geringeren Wärmeübergang.
Die rotierenden Stopfbüchsen „E" sind mit der Scheibe „A" bzw. „B"
verbunden, während die zugehörigen feststehenden Büchsen „F" mit
dem Gehäuse verbunden sind. Diese Labyrinthdichtungen dienen zugleich zur Aufnahme des Achsialdruckes. Das Ventil „H" ist für Zusatz-
dampf bestimmt.

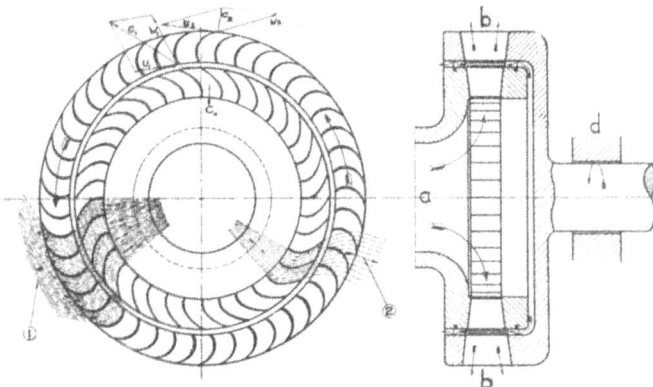

Abb. 57. Stal A.-G. Finspong, Schweden. Darstellung einer Turbine aus einem
feststehenden Leitrad und einem beweglichen Laufrad bestehend.

Die Geschwindigkeitsverhältnisse sind in Abb. 56 dargestellt; dabei steht allerdings der Leitkranz fest; würde aber, wie bei der obigen
Maschine, Leit- und Laufkranz rotieren, dann liegen die Geschwindigkeitsverhältnisse folgendermaßen: Beim Übertritt vom einen Kranz
zum andern ergibt sich aus der relativen Dampfaustrittsgeschwindigkeit
und aus der Umfangsgeschwindigkeit dieses ersten Kranzes die im
Spalt tatsächlich vorhandene, wirkliche Dampfgeschwindigkeit; diese
setzt sich nun mit der entgegengesetzt zum ersten Kranz verlaufenden
Umfangsgeschwindigkeit des zweiten Kranzes zur relativen Eintrittsgeschwindigkeit in den zweiten Laufkranz zusammen.

13. Übersetzungsgetriebe.

Etwa bis zum Jahre 1910 kannte man nur die direkt gekuppelte
Turbine, so daß dieselbe z. B. beim Schiffsantrieb mit der niedrigen
Drehzahl der Schraube laufen mußte. Das führte besonders bei Nieder-
druckturbinen und großen Dampfmengen zu riesigen Gehäusedurch-
messern und Schaufellängen; so haben z. B. die Niederdruckgehäuse

der Imperatorturbinen einen äußeren Durchmesser von etwa 5 m und
die letzten Schaufeln eine Länge von 60 cm; solche Erscheinungen
wirken sich in der Fertigung wie im Betrieb unwirtschaftlich aus; dazu
kommt noch die unvermeidliche Rückwärtsturbine, so daß bei Vor-
wärtsfahrt die Vorwärtsturbine im heißen Frischdampf und die Rückwärtsturbine im kalten Abdampf laufen mußte; bei Rückwärtsfahrt
war es umgekehrt. Dieser besonders beim Manövrieren rasche Tem-
peraturwechsel bedingte die Einhaltung unnötig großer, unwirtschaft-
licher Schaufelspiele (vgl. S. 103); denn beim Anstreifen der Leitschaufeln
an den Laufschaufeln würden dieselben in der Vorwärtsturbine wie
Widerhaken ineinander greifen, wenn das Schiff rückwärts fährt; das
gleiche würde unter diesen Voraussetzungen in der Rückwärtsturbine
eintreten, wenn das Schiff vorwärts fährt. In solchen Fällen aber wäre
die Schaufelzerstörung unvermeidlich (Schaufelsalat). Die heutige
Fertigungsweise gestattet nun eine Bearbeitungsgenauigkeit von Tau-
sendstel von mm einzuhalten, so daß auf solche Weise hergestellte
Zahnradgetriebe auch für große Leistungen mit gutem Wirkungsgrad
von 97 bis 98%, geräuschlosem Gang und großem Übersetzungsverhältnis
gebaut werden können. Die Rückwärtsturbine ist allerdings trotzdem
noch nötig. Bei dem bekannten umsteuerbaren Föttinger Transfor-
mator als Übersetzungs- und Kupplungsgetriebe zwischen Turbine und
Propeller wird die Rückwärtsturbine überflüssig, was namentlich im
Kriegsschiffsbetrieb von außerordentlicher Bedeutung ist. Der Wirkungsgrad ist allerdings etwas niedriger als bei Zahnradgetrieben. Das
äußerst sinnreiche Getriebe ist eine Erfindung des bekannten Nürn-
bergers Dr. Föttinger, der sein Werk in 7jähriger Arbeit etwa in den
Jahren 1910/12 vollendete. Das Ganze besteht aus einem primären und
sekundären Teil, welche in keinerlei mechanischer Berührung mit-
einander stehen. Auf der Turbinenwelle (Primärwelle) sitzt ein Pumpenrad, auf der Propellerwelle (Sekundärwelle) ein zweikränziges Turbinenrad; zwischen den beiden Laufkränzen des letzteren ist ein mit
dem Gehäuse fest verbundener Umlenkkranz oder Leitkranz angeordnet.
Pumpen- und Turbinenrad sind von einem gemeinsamen mit Wasser
oder Öl gefüllten Gehäuse umschlossen. Das von der Dampfturbine
angetriebene Pumpenrad bringt das Wasser oder Öl auf Druck, und diese
Druckenergie wird im Wasserturbinenrad ausgenutzt. Diese Wasser-
turbine arbeitet aber ohne Austrittsverlust, da das Wasser von der
Turbine aus unmittelbar wieder dem Pumpenrad zufließt, um seinen
Kreislauf aufs neue zu beginnen. Man braucht nur das Wasser aus dem
Vorwärtskreislauf ablaufen zu lassen und den Rückwärtskreislauf zu
füllen, wenn man die Sekundärwelle umsteuern will. Dazu dient eine
sog. Rückförderpumpe. Die Dampfturbine läuft dabei in gleicher
Richtung weiter. Die Umsteuerzeit von nur 15 s verkleinert die Stopp-
zeiten für ein Schiff ungemein.

14. Berechnung von Kleinkraftturbinen.

Sie ist insofern einfacher durchzuführen wie die Berechnung von Großkraftmaschinen oder vielstufigen Maschinen, als hier die Orientierung über die Gefällsverteilung rascher erfolgen kann; man stellt an Hand der η_i-Kurven fest, ob das zur Verfügung stehende Gefälle in einer oder in zwei einkränzigen Stufen bzw. in einem oder in zwei Curtisrädern verarbeitet werden soll. Der weitere Berechnungsgang ist dann grundsätzlich der gleiche wie bei einer einzelnen Stufe einer Großkraftmaschine (Abb. 41).

15. Teil- und Überbelastungen.

Bei diesen geht erfahrungsgemäß der Druck in den einzelnen Stufen proportional mit der Dampfmenge herunter bzw. hinauf; eine Düsenregulierung sorgt dafür, daß der Druck vor der Maschine konstant bleibt; das Vakuum wird bei geringerer Dampfmenge entsprechend besser und umgekehrt.

16. Regulierung.

Bei wechselnder Belastung müßte im idealen Fall in sämtlichen Stufen der Querschnitt an die jeweilige Dampfmenge angepaßt werden; das ist aber konstruktiv unmöglich; man begnügt sich damit, den Düsenquerschnitt der ersten Stufe der veränderten Belastung anzupassen, und zwar entweder von Hand bei Schiffsmaschinen und bei kleinen stationären Maschinen oder automatisch bei den größeren stationären Maschinen.

Düsenregulierung der M.A.N. (Abb. 58). Der Kraftweg geht bei der Turbinenwelle über das Schneckengetriebe auf die Vorgelegewelle, auf welcher sowohl die Ölpumpe zur Erzeugung von Schmier- und Kraftöl, als auch der Fliehkraftregler sitzen; der Kraftweg geht nun vom Regler aus weiter über das Gestänge zu den einzelnen Düsenventilen; der Steuerkolben für das Kraftöl, welcher von dem Regler beeinflußt wird, läßt nun das Öl, je nachdem ob Belastungsab- oder -zunahme eintritt, über oder unter den Kraftkolben fließen, wodurch der Reihe nach die Düsenventile ab- oder angestellt werden. Die Kraft des Reglers würde nicht ausreichen, um das Ventil unmittelbar zu verstellen, weshalb das Ölkraftgetriebe zwischengeschaltet ist; bei einer Verstellung des Steuerkolbens wird mit der im nächsten Augenblick eintretenden Kraftkolbenbewegung in seine Gleichgewichtslage zurückgeführt; diese Rückführung gestattet eine rascher wirkende Regulierung ohne Schwankungen.

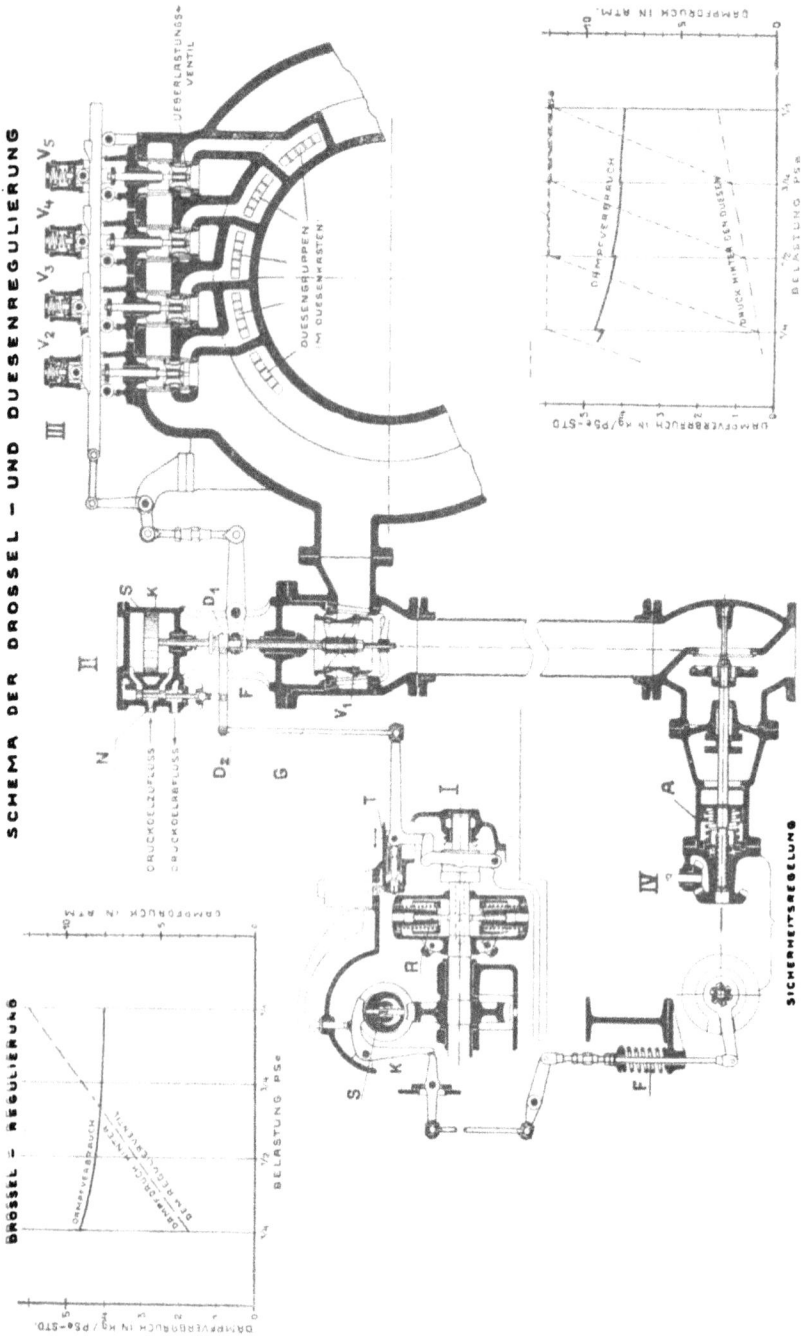

Abb. 58. Düsenregelung. (M. A. N.)

Gestängelose Druckölsteuerung. (Werbeschriften B.B.C.
T 1001/523. 2000/SL) (Abb. 59.) Die Dampfturbinenwelle treibt über
ein Schraubenradgetriebe sowohl die Reglerwelle als gleichzeitig eine
Ölpumpe an. Diese liefert nun außer dem Schmieröl für die Lager der
Maschine das Preßöl für den
Kraftzylinder. Die Federkraft
ist an sich bestrebt, das Ventil
zu schließen. Das unter den
Kraftkolben geleitete Preßöl
wirkt der Federkraft entgegen.
Bei zunehmender Belastung
zeigt die Maschine zunächst das
Bestreben, in der Tourenzahl
abzufallen; es muß also die Regulierung für ein weiteres Öffnen
des Ventils sorgen. Aus der
Abb. ist ersichtlich, daß bei
fallender Tourenzahl die Muffe
steigt, d. h. der Steuerkolben
schließt bei „E" mehr und mehr.

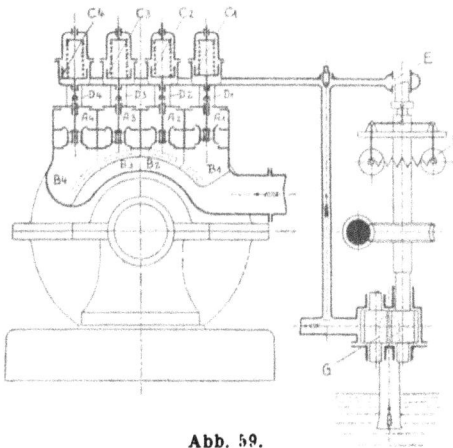

Abb. 59.

Dadurch steigt der Druck des Öls unter dem Kraftkolben, so daß das
Ventil mehr und mehr geöffnet wird, wie es ja sein soll. Bei Belastungs-
abfall ist das Spiel ein umgekehrtes. Ist z. B. bei „E" vollkommen
geöffnet, so ist der Öldruck unter dem Kraftkolben zu klein, um das
durch die Federkraft geschlossene Ventil auch nur anzuheben. Der
Regler arbeitet also zwischen den zwei Grenzen bei vollkommen geöff-
neter und bei vollkommen geschlossener Stelle „E". Versagt die Ölpumpe, so ist, wie gewünscht, wegen des fehlenden Öldruckes das Ventil
geschlossen. Bei der Düsenregelung werden sämtliche zu den einzelnen
Düsengruppen gehörigen Dampfventile, die sog. Düsenventile, durch
das Preßöl gesteuert.

Schnellschlußregler. Neben obigem Geschwindigkeitsregler ist
noch ein Sicherheitsregler angeordnet. Das Frischdampfventil wird
automatisch geschlossen, wenn die normale Drehzahl um $10 \div 12\%$
überschritten wird; diese automatische Auslösung vollzieht sich so
(Abb. 58): Auf der Turbinenwelle sitzt ein exzentrischer Ring, der
bei einer gewissen Fliehkraft die Federkraft überwindet und die Hebel
ausklinkt; damit aber wird durch die Federkraft der mit Klauen ver-
sehene Ventilhebel verdreht, womit endlich das Ventil unter dem Einfluß der Ventilfeder auf seinen Sitz geschmissen wird. Das Schnell-
schlußventil kann natürlich auch von Hand bedient werden. Eine
andere Ausführung der automatischen Vorrichtung ist diese: am Abdampfstutzen sitzt ein Überdruckventil; von hier geht der Dampf nach
einem Dampfdruckauslöser, bei welchem ein federbelasteter Kolben

nach Überschreitung des zulässigen Betriebsdruckes (1 at) das Schnell-
schlußgestänge betätigt.

Alarmvorrichtung. Bei gleichem Druck bläst ein besonderes
Alarmventil in den Maschinenraum und führt zugleich etwaigen Leckdampf des geschlossenen Schnellschlußventils aus dem Gehäuse heraus.

17. Die Turbine im Prüffeld.

a) Messungen.

Hier gilt es, die Drücke und Temperaturen in den Stufen, das
Vakuum im Kondensator, die Drehzahl und die Leistung zu messen;
die einfachsten Meßgeräte sind zugleich die zuverlässigsten. Bei großen
Maschinen muß man sich oft im Prüffeld mit Teilbelastungen begnügen;
dabei kommt die Erfahrungstatsache zu Hilfe, daß die Drücke in den
Stufen proportional mit der Dampfmenge sich ändern. Auch das Vakuum, also der Druck am Ende der Maschine, geht bei kleinerer Dampfmenge herunter und umgekehrt, da naturgemäß die Kondensationsanlage bei Verarbeitung einer kleineren Dampfmenge ein besseres
Vakuum liefert und umgekehrt. Was den Druck vor der Maschine an-
betrifft, so wird dieser bekanntlich bei der sog. Düsenregelung im Gegensatz zur Drosselregelung trotz veränderter Dampfmenge ziemlich konstant erhalten.

Temperaturmessung: Man legt auf das noch unverschalte Gehäuse an den gewünschten Meßstellen kleine Häufchen von Eisenfeil-
spänen auf und steckt ein gewöhnliches Quecksilberthermometer hinein;
die Erfahrung hat gezeigt, daß die auf solch einfache Weise gemessenen
Temperaturen in vollkommen befriedigender Weise die innere Dampf-
temperatur anzeigen.

Druckmessung: Für kleinere Drücke verwendet man Glasrohr
und Quecksilber, für die größeren Metallmanometer. Dabei ist zu beachten, daß die Quecksilbermessung absolute Drücke, die Metallmanometer dagegen immer nur Überdrücke liefern. Für die Messung
der Drücke unter 1 at (Vakuumgebiet) genügen geradlinige Glasröhren,
darüber hinaus sind „u“-förmig gebogene Röhren nötig; ab 2 at empfiehlt sich bereits die Anwendung von Metallmanometern; die Glasröhren können des geringen Druckes wegen mittels Gummischlauch
an den betreffenden Meßstellen des Gehäuses angeschlossen werden;
es muß aber zwischen Gehäuse und Manometer ein kleiner Wasserabscheider eingebaut werden, weil sich sonst der ganze Raum zwischen
Quecksilber und Dampfturbine mit Wasser anfüllen und so eine Messung
unmöglich machen würde; übrigens sammelt sich trotz des Wasser-
abscheiders noch Wasser über dem Quecksilber, was in untenstehender
Weise zu berücksichtigen ist.

Beispiel (Abb. 60). Druck an Meßstelle I ist $p_I = (b - h_I)$ mm Q.-S.

$$\text{Vakuum} = \frac{h_I}{b} \, 100\,\%.$$

Druck an Meßstelle II ist

$$p_{II} = b - \left(h_{II} + \frac{h_w}{13,6}\right) \text{mm Q.-S.}$$

$$\text{Vakuum} = \frac{h_{II} + h_w/13,6}{b} \, 100\,\%;$$

Druck an Meßstelle III ist

$$p_{III} = (b + h_{III}) \text{ mm Q.-S.};$$

Druck an Meßstelle IV ist

$$p_{IV} = \left(b + h_{IV} - \frac{h_w}{13,6}\right) \text{mm Q.-S.}$$

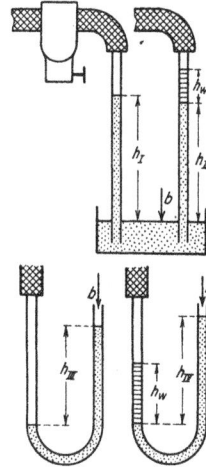

Abb. 60. Druckmessung mittels Quecksilber.

Die Dampfmenge ergibt sich am genauesten durch Messung des Kondenswassers. Hierfür stehen heute automatische Wagen zur Verfügung; ein einfacheres und sehr genaues Mittel ist folgendes: Man sammelt das Kondenswasser in einem Bottich, in den man zur Beruhigung des Wassers durchlöcherte Scheidewände einsetzt; am Grund des Bottichs läßt man das Wasser durch Meßdüsen ausfließen. Es ist dann nur nötig, während des Versuches in gleichen Zeitabständen (z. B. alle Minuten) die Ausflußhöhe „h" zu messen; die Ausflußgeschwindigkeit $c = \varphi \cdot \sqrt{2\,g\,h}$, wobei $\varphi = 0,97 \div 0,98$ für die glatt polierten Messingdüsen durch Eichen vorher bestimmt wird; aus dem Düsenquerschnitt und der Düsenaustrittsgeschwindigkeit findet man die Wassermengen und damit die Dampfmenge.

Die Drehzahl wird durch die üblichen Tachometer bestimmt und die Leistung in üblicher Weise durch Wasserbremse, Torsionsindikator oder auf elektrischem Weg.

b) Auslaufversuche.

Sie dienen dazu, die Lagerreibung und die Ventilationsarbeit zu messen. Wir lassen die Turbine bei abgekuppelter Bremse auf eine bestimmte Tourenzahl hinaufgehen und schließen plötzlich das Dampfventil ab; nun läuft der Rotor von selbst aus, wobei wir das Vakuum bzw. den Gegendruck in der Maschine während des Auslaufens konstant halten; wir unternehmen aber solche Auslaufversuche bei verschiedenen Gegendrücken; die Tourenzahl lesen wir in regelmäßigen Zeitabständen von 5 zu 5 s am Umdrehungszähler ab. Die so gewonnenen Meßergebnisse verwerten wir auf Grund dieser Gesetzmäßigkeiten:

$$\text{Drehmoment } M = 716,2\,\frac{N}{n}\,; \quad M = \Theta\,\frac{d\omega}{dt}\,; \quad \omega = \frac{n\pi}{30}\,;$$

$$716,2\,\frac{N}{n} = \Theta\,\frac{\pi}{30}\,\frac{dn}{dt}\,; \quad \text{Leerlaufleistung } N\,(\text{PS}) = \frac{\pi}{716,2\cdot 30}\,\Theta\cdot n\cdot\frac{dn}{dt}\,;$$

$$N = 0,000146\,\Theta\cdot n\cdot\frac{dn}{dt}.$$

Zeichnen wir die Versuchsergebnisse nach Art von Abb. 61 auf, dann liefert uns dieselbe in jedem Augenblick den Wert $n\dfrac{dn}{dt}$ denn es ist

$$\text{tg}\,\alpha = \frac{dn}{dt} = \frac{a}{n}\,; \quad \text{folglich } a = n\,\frac{dn}{dt}\,;$$

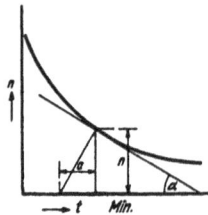   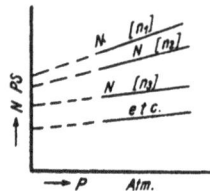

Abb. 61 a.   Abb. 61 b.
Auslaufversuche zur Bestimmung der Ventilation und Lagerreibung.

wir können somit durch Versuch und Rechnung die gesamte Leerlaufleistung bei verschiedenen Tourenzahlen und auch bei verschiedenen
Gegendrücken bestimmen. Die gesamte Leerlaufleistung setzt sich zusammen aus Lagerreibung + Ventilationsverlust; die durch Versuch
gewonnenen Kurven der Abb. lassen sich, wie die gestrichelten Linien
andeuten, leicht bis zur Ordinatenachse verlängern; dadurch gewinnen
wir Werte für die Leerlaufarbeit beim Gegendruck 0; bei demselben
ist aber die Ventilationsarbeit $= 0$, d. h. diese Ordinatenwerte stellen
die Lagerreibung selbst dar.

c) Betriebstechnische Erfahrungszahlen (Umrechnungswerte, Näherungswerte).

1% Änderung des Vakuums entspricht $1,5\div2\%$ Änderung des
Dampfverbrauches. $6\div7\%$ Änderung der Überhitzung entspricht 1%
Änderung des Dampfverbrauches. 1 at Änderung des Anfangsdruckes
entspricht 1% Änderung des Dampfverbrauches. 12° Änderung der
Kühlwassertemperatur entspricht einer Änderung des Dampfverbrauches
um 5% und des Vakuums um 3%.

Ölverbrauch einschließlich Kondensation $= 0,18$ kg/Betriebsstunde
für eine 1000-kW-Maschine oder $0,3\div0,1$ g für 1 PS.

Wasserverbrauch für Ölkühlung $17\div25$ l/min (nach anderen Angaben bis 60 l/min).

Bei je 3 mm achsialem Spielraum der Schaufeln ergibt sich nach praktischen Erfahrungen eine Änderung des Dampfverbrauches um 3 bis 4%; B.B.C. weist darauf hin, daß es letzten Endes nicht auf den Dampfverbrauch, sondern auf den Kohlenverbrauch ankommt. So wird z. B. bei einer Verbesserung des Vakuums die Temperatur des Kondensats und damit des Speisewassers fallen und außerdem der Kraftbedarf für die Kondensationsanlage steigen. Ferner wird eine Erhöhung der Frischdampftemperatur auch den Kohlenverbrauch erhöhen. (Näheres hierüber in B.B.C. Dampfturbinen T 1064, S. 65.)

d) Inbetriebsetzung der Maschine.

Alle Zudampfleitungen und Wasserabscheider müssen zuvor gründlich entwässert, alle Lager mit Öl versehen sein; der Ölstand ist nachzusehen; die Ölpumpe muß während des Anlassens beobachtet werden; Ventil für das Kühlwasser des Ölkühlers öffnen; ferner auf die Stopfbüchsen ev. Sperrdampf geben. Das Entwässerungsventil kann wieder geschlossen werden, und das Anlassen ist etwa 5 min lang mit geringer Drehzahl (300) zu betreiben; der Rotor wirkt hierbei wie ein Rührwerk und sorgt für gleichmäßige Erwärmung aller Teile der Turbine. Nun kann die Hilfsölturbine abgestellt und das Absperrventil weiter geöffnet werden, um auf volle Tourenzahl zu kommen. Der Auspuffschieber wird geschlossen und der Kondensator mit Wasser gefüllt. Nach einer kurzen Betriebspause kann die Turbine, wenn sie noch warm ist, durch langsames Öffnen des Absperrschiebers angefahren werden. Die Öltemperatur nach dem Ölkühler soll $40 \div 60^0$ betragen. Steigt die Temperatur des aus den Lagern kommenden Öls über 72^0, dann muß die Turbine abgestellt werden. Bei Versagen der Kondensation wird auf Auspuff umgestellt. Das Abstellen der Turbine erfolgt zuerst mittels Schnellschluß; hierauf wird auch noch der Schieber von Hand geschlossen; die Hilfsölturbine wird angestellt, die Stopfbüchsen erhalten Sperrdampf, im Ölkühler wird das Kühlwasser eingestellt und alles Wasser aus dem Ölkühler abgelassen. Bei stillstehender Maschine wird die Hilfsölturbine wieder abgestellt. Wenn die Turbine längere Zeit stillsteht, muß sie vor Sickerdampf und damit vor Feuchtigkeit geschützt werden.

Der Schiffsmaschinenbau. Von Prof. Dr. phil. Dr. ing. e. h. G. BAUER.

Bd. I: Die Theorie des Dampfmaschinenprozesses. Die Konstruktion der Kolbendampfmaschine. Theorie und Konstruktion der Schiffsschraube. Theoret. Anhang. 771 S., 793 Abb., 70 Tab. Lex.-8⁰. 1923. Brosch. M. 33.—, in Leinen geb. M. 39.—

Bd. II: **Theorie und Konstruktion der Dampfturbinen.** Anhang ausgew. Kapitel. 644 S., 491 Abb., 1 i-s-Diagramm, 72 Tab. Lex.-8⁰. 1927. Brosch. M. 54.—, in Leinen geb. M. 58.—

.... Die Theorie, Konstruktion, der Bau und der Betrieb von Schiffsdampfturbinen sowie die schwierigen Probleme der Festigkeit, der kritischen Drehzahl und des Massenausgleiches sind erschöpfend und unter Verwertung der letzten wissenschaftlichen und praktischen Erfahrungen behandelt. Nicht nur die Reichhaltigkeit des Stoffes, auch die Tatsache, daß die letztausgeführten Maschinen mit den neuesten Errungenschaften des Dampfturbinenbaues — wie z. B. die Einführung des Hochdruckdampfes — hier ausführlich beschrieben werden, ist mitbestimmend für den Wert dieses Werkes. ... (Sparwirtschaft)

Verhalten von raschlaufenden Gegendruckturbinen bei Drehzahländerungen. Von Dr. ing. K. MAURITZ. 45 S., 31 Abb. Lex.-8⁰. 1927. Brosch. M. 4.50

.... Das Werk hilft eine Lücke mit ausfüllen, die in der Turbinenliteratur jeder feststellt, der sich über die in den Turbinen auftretenden Verluste Gewißheit verschaffen will. Es kann jedem Turbinenkonstrukteur und auch Studierenden, denen es Gelegenheit gibt, tiefer zu schürfen, nur empfohlen werden, zumal der Stoff durch die vielen graphischen Darstellungen leicht faßlich wird.
(Maschinen-Konstrukteur)

Raschlaufende Ölmaschinen. Untersuchungen an Glühkopf-Diesel- und Vergasermaschinen. Von Dr. ing. O. KEHRER. 117 S., 81 Abb., 12 Taf. Lex.-8⁰. 1927. Brosch. M. 10.—, in Leinen geb. M. 12.—

.... Dem Buch ist eine weite Verbreitung sicher, bedeutet es doch nicht nur für den Ingenieur auf dem Prüfstand und für den Konstrukteur eine wertvolle Hilfe, sondern auch der Studierende wird sich seiner im theoretischen Unterricht wie auch im Laboratorium mit Nutzen bedienen. ... (Maschinen-Konstrukteur)

Materialprüfung und Baustoffkunde für den Maschinenbau. Von Prof. Dr. ing. W. MÜLLER. 382 S., 315 Abb. Gr.-8⁰. 1924. Brosch. M. 9.—, geb. M. 10.50

.... Das Buch ist hervorragend klar und leicht verständlich geschrieben. Es wendet sich in der Hauptsache an den Praktiker, es bringt nicht zu viel Einzelheiten, eine Gefahr, die sich bei dem vorliegenden Stoff nur sehr schwer vermeiden läßt, es bringt uns ausreichend viel theoretische Gedankengänge, die für den Praktiker von Bedeutung sind. ... (Zeitschrift für technische Physik)

Schlomann-Oldenbourg, **Illustrierte Technische Wörterbücher** in sechs Sprachen (deutsch, englisch, französisch, russisch, italienisch, spanisch). Herausgeg. von Ing. Alfred Schlomann.

Bd. 3: Dampfkessel — Dampfmaschinen — Dampfturbinen. 1333 S., 3450 Abbildungen, 7314 Worte in jeder Sprache. In Lein. geb. M. 22.—

www.ingramcontent.com/pod-product-compliance
Lightning Source LLC
Chambersburg PA
CBHW081231190326
41458CB00016B/5740